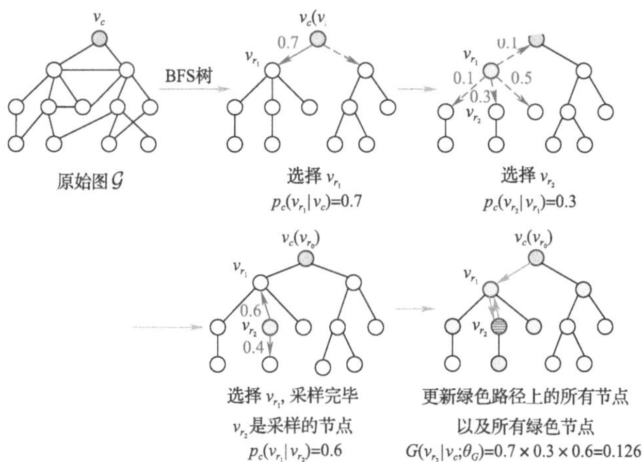

图 2-2　生成器 G 的在线生成策略。蓝色的数字是相关概率 $p_c(v_i \mid v)$，蓝色实线箭头表示 G 选择的随机游走的方向。当该过程完成后，蓝色条纹的节点即为采样出的节点。右下图中所有带颜色的节点的特征都需要被相应地更新

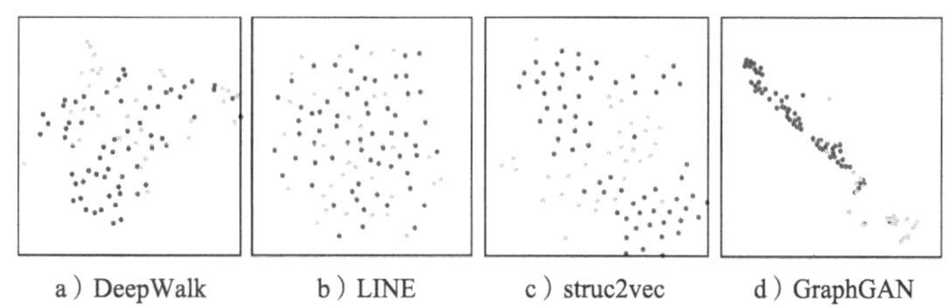

图 2-6　巴西航空交通网络的可视化结果。每个节点代表一个机场。节点的颜色表示机场的类别

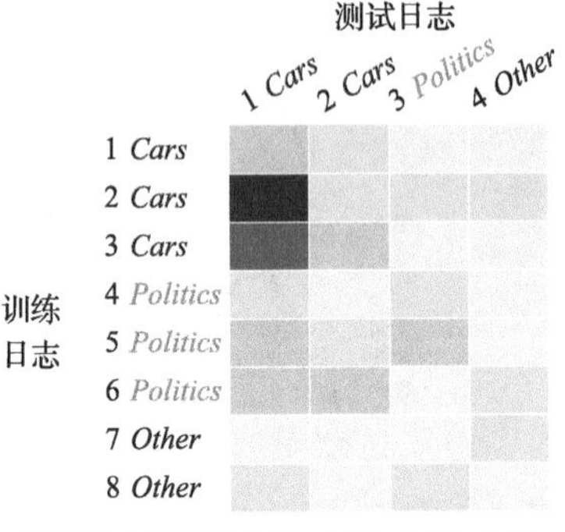

a）无知识图谱

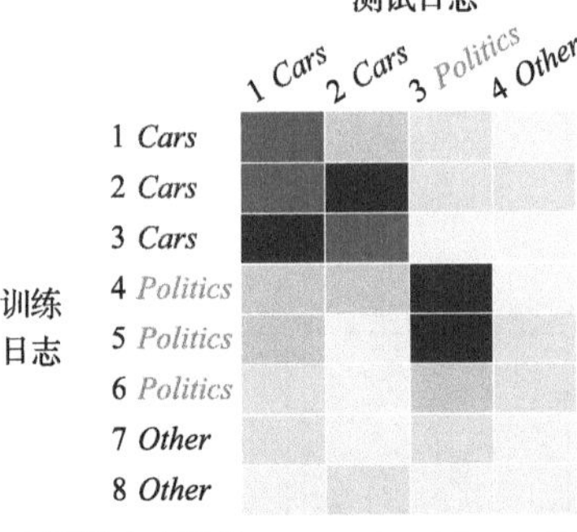

b）有知识图谱

图 5-11　一个随机采样用户的训练集和测试集的注意力值的可视化结果

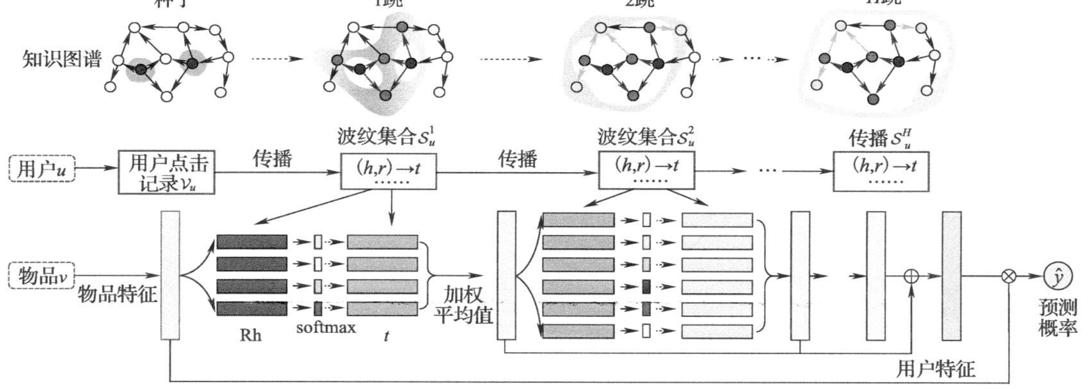

图 6-2 RippleNet 模型框架。上半部分的知识图谱展示了由该用户的点击记录触发的波纹集合

CCF优秀博士学位论文丛书

基于网络特征学习的个性化推荐系统

Network Representation Learning Based Recommender Systems

王鸿伟——著

本书主要介绍如何学习网络中的节点表征，并将其应用到推荐系统中，重点研究了推荐系统中的三种各具代表性的网络：用户-产品交互的二分图，用户端的社交网络，产品端的知识图谱。本书系统性地研究了三种网络的建模，提出了针对不同种类的网络在多个层面将网络信息和推荐系统进行结合的解决方案。这些解决方案获得了学术界的广泛关注，有些方案已经在实际的工业场景中落地，具有很强的学术和产业价值。

本书能够对推荐系统领域起到一些引领作用，并对图机器学习领域的研究人员提供更多应用方向的启发。

图书在版编目（CIP）数据

基于网络特征学习的个性化推荐系统/王鸿伟著．—北京：机械工业出版社，2022.1（2022.10 重印）
（CCF 优秀博士学位论文丛书）
ISBN 978-7-111-70060-9

Ⅰ．①基…　Ⅱ．①王…　Ⅲ．①机器学习　Ⅳ．①TP181

中国版本图书馆 CIP 数据核字（2022）第 013556 号

机械工业出版社（北京市百万庄大街 22 号　邮政编码 100037）
策划编辑：梁　伟　　　　责任编辑：梁　伟　游　静
责任校对：张　征　张　薇　封面设计：鞠　杨
责任印制：常天培
固安县铭成印刷有限公司印刷
2022 年 10 月第 1 版第 3 次印刷
148mm×210mm · 9.125 印张 · 2 插页 · 172 千字
标准书号：ISBN 978-7-111-70060-9
定价：49.00 元

电话服务	网络服务
客服电话：010-88361066	机　工　官　网：www.cmpbook.com
010-88379833	机　工　官　博：weibo.com/cmp1952
010-68326294	金　　书　　网：www.golden-book.com
封底无防伪标均为盗版	机工教育服务网：www.cmpedu.com

丛书序

博士研究生教育是教育的最高层级，是一个国家高层次人才培养的主渠道。博士学位论文是青年学子在其人生求学阶段，经历“昨夜西风凋碧树，独上高楼，望尽天涯路”和“衣带渐宽终不悔，为伊消得人憔悴”之后的学术巅峰之作。因此，一般来说，博士学位论文都在其所研究的学术前沿点上有所创新、有所突破，为拓展人类的认知和知识边界做出了贡献。博士学位论文应该是同行学术研究者的必读文献。

为推动我国计算机领域的科技进步，激励计算机学科博士研究生潜心钻研，务实创新，解决计算机科学技术中的难点问题，表彰做出优秀成果的青年学者，培育计算机领域的顶级创新人才，中国计算机学会（CCF）于 2006 年决定设立“中国计算机学会优秀博士学位论文奖”，每年评选不超过 10 篇计算机学科优秀博士学位论文。截至 2020 年已有 135 位青年学者获得该奖。他们走上工作岗位以后均做出了显著的科技或产业贡献，有的获国家科技大奖，有的获评国际高被引学者，有的研发出高端产品，大都成为计算机领域国内国际知名学者、一方学术带头人或有影响力的企业家。

博士学位论文的整体质量体现了一个国家相关领域的科技发展程度和高等教育水平。为了更好地展示我国计算机学科博士生教育取得的成效，推广博士生科研成果，加强高端学术交流，中国计算机学会于2020年委托北京西西艾弗信息科技有限公司以“CCF优秀博士学位论文丛书”的形式，陆续选择2006年至今及以后的部分优秀博士学位论文全文出版，并以此庆祝中国计算机学会建会60周年。这是中国计算机学会又一引人瞩目的创举，也是一项令人称道的善举。

希望我国计算机领域的广大研究生向该丛书的学长作者们学习，树立献身科学的理想和信念，塑造“六经责我开生面”的精神气度，砥砺探索，锐意创新，不断摘取科学技术明珠，为国家做出重大科技贡献。

谨此为序。

中国工程院院士

2021年12月6日

导师序

本人受聘于上海交通大学计算机科学与工程系，担任新兴并行计算研究中心主任，主要从事并行与分布式计算和大数据计算方面的研究。特此向各位读者推荐博士学位论文《基于网络特征学习的个性化推荐系统》，该论文获得2020年度“中国计算机学会（CCF）优秀博士学位论文奖”。论文作者王鸿伟是本人的博士研究生，他的主要研究方向为图神经网络、知识图谱和推荐系统。王鸿伟先后进入斯坦福大学和伊利诺伊大学厄巴纳-香槟分校，继续开展相关方向的博士后研究工作。

从研究范畴上讲“基于网络特征学习的个性化推荐系统”属于机器学习和数据挖掘领域中对关系型数据的建模。在机器学习和数据挖掘领域中，推荐系统致力于解决互联网时代的信息爆炸问题，提高互联网服务的效率，降低用户获取有效信息的难度，是一个非常热门和实用的研究方向。然而，一个真实的推荐系统需要考虑非常多的现实因素和挑战，例如，一个推荐系统需要能够使用各种多模态的数据作为输入，这就要求推荐系统具备足够高的扩展性和灵活性，能够方便地融合各种辅助信息。在这些多模态的辅助信息中，有一大类属于关系型数据，也就是拥有图/网络结构的数据。例如，用户之间可能存在一个社交网络，产品之间可能存在一个知识图谱，甚至用户和产品本身的交互数据也构成了一个二分图。如何让推荐系统能够充分利用这些网络结构的数据，是当前推荐系统研究领域的一个热门问题。

本论文主要面向如何学习网络中的节点表征，并将其应用到推荐系统中。本论文重点研究了推荐系统中的三种网络：用户-产品交互的二分图，用户端的社交网络和产品端的知识图谱。这三种网络都各具代表性：用户-产品交互的二分图属于节点异质网络，因为该网络中的节点可以是用户，也可以是产品；用户端的社交网络属于同质网络，因为社交网络中的节点和边都只有一个种类；而产品端的知识图谱属于边异质网络，因为知识图谱中的边可以有不同的关系类型。因此，对这三种网络的建模也需要充分考虑网络自身的性质。在学习得到网络中节点的表征之后，如何将其引入推荐系统也是一个值得研究的课题。一个简单的方法是先使用现有的网络表征学习方法得到节点特征，然后将其直接引入推荐系统；当然，也可以设计更复杂的方案，在模型层面将二者进行结合。本论文系统性地研究了这些问题，提出了针对不同种类的网络在多个层面将网络信息和推荐系统进行结合的解决方案。这些解决方案发表在多个顶级国际会议和期刊上，获得了学术界的广泛关注，有些方案已经在实际的工业场景中落地，具有很强的学术和产业价值。

在当前移动互联网和人工智能蓬勃发展的时代，推荐系统将继续是基于互联网的产品和服务的核心。王鸿伟博士能够准确地切入推荐系统中的一大类基础问题，并完整和严谨地提出一系列解决方案，是相当难能可贵的。希望这篇博士学位论文能够对推荐系统领域起到一些引领作用，对图机器学习领域的研究人员提供更多应用方向的启发。

过敏意

上海交通大学教授

2021 年 9 月 30 日

摘要

在当今信息爆炸的时代，个性化推荐系统（personalized recommender systems）是面向用户的互联网产品的核心技术。推荐系统可以帮助用户获取所需要的信息，改善信息超载的问题。推荐系统的核心技术是对用户历史、物品属性和上下文等信息进行建模，推断出用户的兴趣爱好，并向用户推荐感兴趣的物品。因此，实用的推荐算法需要有很强的扩展性，可以方便地融合各种辅助信息。在众多的辅助信息中，有一类较为特殊，即拥有网络结构的信息（network-structured information），例如，用户之间的在线社交网络（social network），以及物品之间的知识图谱（knowledge graph），甚至用户和物品的交互本身就构成了一个交互图（interaction graph）。网络结构的信息为推荐算法提供了丰富的辅助输入，然而如何有效地利用这种高维结构数据，成为推荐系统中一个富有挑战性的问题。

近年来，网络特征学习[⊖]（network representation learning）

⊖ network representation learning 翻译为网络表征学习更合适。由于本论文的原稿将其翻译为网络特征学习，因此本书未做修改。

逐渐成为机器学习中的一个热门研究方向。网络特征学习试图为一个网络中的每一个节点学习得到一个低维表示向量，同时保持其原有的结构信息。由于推荐系统中天然存在着大量的网络结构，因此，将网络特征学习与推荐系统相结合，用网络特征学习的方法去处理推荐系统中的相关特征，可以有效地增强推荐系统的学习能力，提高推荐系统的精确度和用户满意度，从而为现实生活中的各类互联网应用提供更优良的用户体验，进而减轻信息爆炸带来的负面影响，提升整体经济效率。

本书的主题为基于网络特征学习的个性化推荐系统。本书的研究内容和主要贡献如下。

第一，研究应用于推荐系统交互图的网络特征学习方法。在推荐系统中，用户和物品之间的显式反馈或隐式反馈构成了一个有权重或无权重的交互图。因此，本书提出从网络特征学习的角度来设计推荐算法模型。我们提出了 GraphGAN，一个将生成式方法和判别式方法进行统一的联合模型。在该联合模型中，判别器和生成器之间进行对抗式训练（adversarial training）：生成器试图拟合网络中节点之间的真实连接性概率分布，并为给定节点生成出其“伪”邻居；判别器试图为给定节点区分它真实的邻居和由生成器生成出的“伪”邻居。两者之间的对抗学习会迫使它们在训练中各自提高生成或判别能力。最后，学习得到的模型可以用来刻画用户或者物品的特征，并应用于推荐系统场景。

第二，研究社交网络辅助的推荐系统。在很多推荐场景中，用户端都会存在一个在线社交网络。根据同质性假设，两个在社交网络中关系紧密的用户的偏好也很可能会相似。因此，使用社交网络的信息来辅助推荐算法有重要的实际意义。本书研究两种将社交网络信息和推荐系统进行融合的方法。①基于特征的方法（embedding-based method）。基于特征的方法会先用网络特征学习技术将社交网络中的节点（即用户）映射到低维连续空间，然后将用户的低维特征用于后续推荐任务。特别地，本书提出了 SHINE 模型。 SHINE 模型在微博明星推荐任务中利用自编码机挖掘用户的社交关系，并辅助推荐系统的决策。②基于结构的方法（structure-based method）。基于结构的方法会对社交网络的结构进行更加直接的利用。特别地，本书研究了微博投票推荐任务中用户端的社交网络结构对投票参与度的影响。我们设计了一种联合矩阵分解模型 JTS-MF，将用户的关注/被关注信息和用户的群组信息融合到推荐系统的设计中。实验结果一致表明，社交网络的引入对推荐系统性能的提高有非常关键的作用。

第三，研究知识图谱辅助的推荐系统。在很多推荐场景中，物品可能会包含丰富的知识信息。物品端的知识图谱强化了物品之间的联系，为推荐提供了丰富的参考依据。类似地，本书提出了两种将知识图谱引入推荐系统的方法。①基于特征的方法。本书首先使用知识图谱特征学习方法学习实体和关系的低维向量表示，这些低维表示可以用于后续的推荐系统。根据知识图谱特征学习和推荐系统这两个任务的训练次序的不同，这类方法又分为依次学习法（one-by-one learning）和交替学习法（alternate learning）。相应地，本书提出了两个模型——DKN 和 MKR。DKN 使用卷积神经网络和注意力网络分别学习新闻标题的知识特征和用户的历史兴趣。MKR 中的多任务学习框架可以利用知识图谱特征学习任务辅助提高推荐系统任务的性能。②基于结构的方法。本书提出了两种基于结构的模型，它们都涉及在知识图谱上进行宽度优先搜索来获取一个实体在知识图谱中的多跳邻居。根据利用多跳邻居的技术的不同，这两种模型可以分为向外传播法（outward propagation）和向内聚合法（inward aggregation）。我们提出了 RippleNet 模型，一种向外传播法的代表。它模拟了用户的兴趣在知识图谱上的传播过程，并借此发现用户更多潜在的、层级化的偏好。我们也提出了 KGCN 模型，一种向内聚合法的代表。KGCN 在学习知识图谱中的实体特征时聚合了该实体的邻居特征表示。通过增加迭代次数，邻居的定义可以扩展到多跳之外，从而实现了对用户潜在兴趣的挖掘。实验结果证明，利用知识图谱的高阶结构信息可以很好地提升推荐系统的性能；同时，基于特征的方法具有很强的灵活性（flexibility），而基于结构的方法具有很强的可解释性（explainability）。

关键词：推荐系统　网络特征学习　交互图　社交网络　知识图谱

ABSTRACT

The explosive growth of online content and services has provided overwhelming choices for users, such as news, movies, books, restaurants and music. Recommender systems (RS) intend to address the information explosion by finding a small set of items for users to meet their personalized interests. The key idea of RS is modeling user-related and item-related information (e. g. , user history, item attributes, contexts), therefore, a practical recommendation algorithm should be able to incorporate various side information. In this thesis, we focus on a special type of side information, i. e. , network-structured information. For example, there may be an online social network among users and a knowledge graph (KG) among items, and the useritem interaction can also be treated as an interaction graph. Given the rich network-structured information, it is a great challenge how to effectively utilize the high-dimensional data for RS.

Recently, network representation learning (NRL) is becoming a new research direction in the field of machine learning. NRL aims to represent each vertex in a network (graph) as a low-dimensional vector while still preserving its structural information. Due to the existence of massive networks in RS, it is a promising approach to combine NRL with RS. Using NRL to process the network data in RS can improve the capacity of RS and boost the precision as well as user satisfaction of recommended results, thereby enhancing the overall economic efficiency.

In this thesis, we investigate network representation learning based recommender systems. The major contributions of this thesis are as follows:

First, we study network representation learning methods applied to the interaction graph in recommender systems. The explicit or implicit feedback between users and items comprises an interaction graph in RS. Therefore, we propose designing RS from the perspective of NRL. We present GraphGAN, a framework unifying generative and discriminative NRL methods, in which the generator and discriminator play a game-theoretical minimax game. Specifically, for a given vertex, the generator fits its underlying true connectivity distribution over all other vertices and produces "fake" neighbors to fool the discriminator, while the discriminator detects whether the sampled vertex is from ground truth or generated by the generator. The learned embeddings can be used to characterize users/items and applied to RS.

Second, we study social-network-aware recommender systems. According to the homophily assumption, two closely related users in a social network may also share similar preferences in RS. Therefore, we present two methods that leverage the social network to assist with RS: ①Embedding-based method first uses NRL to map each user in the social network to a low-dimensional space, then applies the learned embeddings to RS task. Specifically, we propose SHINE model that uses auto-encoder to mine users' social relationship for Weibo celebrity recommendation. ②Structure-based method leverages the structure of the social network more directly. Specifically, we study the influence of the social network on user participation of Weibo online voting. We design a joint matrix factorization model JTS-MF, which incorporates the users' social relationship and group information into RS. The experiment results consistently demonstrate that a social network is essential to improve the performance of RS.

Third, we study knowledge-graph-aware recommender systems. A KG enriches the description of items and strengthens the inter-item relatedness, which is valuable for RS. Similarly, we present two types of methods that leverage the KG for RS: ①Embedding-based methods use knowledge graph embedding(KGE) approaches to learn entity and relation representation vectors for the subsequent RS. Based on the training order of the KGE task and the RS task, embedding-based methods can be further categorized into one-by-one learning and alternate learning. We present two models accordingly: DKN uses a knowledge-aware convolutional neural network and an attention network to learn representations of news titles and aggregate users' historical interests, respectively; MKR deploys a multi-task learning framework leveraging the KGE task to assist with the RS task. ②Structure-based methods use breadth-first-search to obtain multi-hop neighbors of an entity in the KG. Structure-based methods can be categorized into outward propagation and inward aggregation: We present RippleNet, a representative of outward propagation that propagates user preferences on the KG to discover their hierarchical potential interests; We also present KGCN, a representative of inward aggregation that learns the representation of an entity by aggregating information from its multi-hop neighbors to mine users' potential preferences. The experiment results show that utilizing high-order structural information of the KG can greatly benefit RS. In addition, embedding-based methods have high flexibility while structure-based methods have high explainability.

KEY WORDS: recommender systems, network representation learning, interaction graph, social network, knowledge graph

目 录

第 3 章 社交网络辅助的推荐系统——基于特征的方法

第 4 章 社交网络辅助的推荐系统——基于结构的方法

第 5 章 知识图谱辅助的推荐系统——基于特征的方法

第 6 章 知识图谱辅助的推荐系统——基于结构的方法

插图索引

表格索引

算法索引

主要符号说明

符号	说明
$\mathcal{G}=(\mathcal{V},\mathcal{E})$	图（第2章）
$\mathcal{V}=\{v_1,v_2,\cdots,v_V\}$	节点集合（第2章）
$\mathcal{E}=\{e_{ij}\}_{i,j\in\mathcal{V}}$	边集合（第2章）
$\mathcal{N}(v)$	与 v 直接相连的节点的集合
G_r	社交网络
I_{u_i,u_k}	用户 u_i 是否关注用户 u_k 的指示器函数
I_{u_i,G_c}	用户 u_i 是否属于群组 G_c 的指示器函数
$\mathcal{U}=\{u_1,u_2,\cdots,u_M\}$	用户集合
$\mathcal{V}=\{v_1,v_2,\cdots,v_N\}$	物品集合（第4、5、6章）
$\boldsymbol{Y}\in\mathbb{R}^{M\times N}$	用户-物品交互矩阵
$\mathcal{G}=(\mathcal{E},\mathcal{R})$	知识图谱（第5、6章）
(h,r,t)	知识图谱中的三元组
$\mathcal{E}=\{e_1,e_2,\cdots\}$	知识图谱中的实体集合（第5、6章）
$\mathcal{R}=\{r_1,r_2,\cdots\}$	知识图谱中的关系集合

注：$\mathcal{G}$、$\mathcal{V}$、$\mathcal{E}$ 符号在不同的章节可能有不同的含义，使用范围参见括号标注。

第 1 章

绪论

1.1 课题背景及意义

随着互联网技术和产业的迅速发展，接入互联网的服务器数量与网页数量也呈指数上升趋势。互联网的迅速发展使得海量信息同时呈现在我们面前。例如，Netflix[㊀]上有数万部电影，Amazon[㊁]上有数百万本图书，淘宝网[㊂]上的商品更是数以亿计。传统的搜索算法只能呈现给**用户**（user）相同的**物品**（item）排序结果，无法针对不同用户的兴趣爱好提供相应的服务。信息爆炸使得信息的利用率反而降低，这种现象被称为**信息超载**（information overload）。推荐问题从本质上说就是代替用户评估其从未看过、接触过和使用过的物品，包括书籍、电影、新闻、音乐、餐馆、旅游景点等。个

㊀ https://www.netflix.com。

㊁ https://www.amazon.com。

㊂ https://www.taobao.com。

性化推荐系统（personalized recommender systems）作为一种信息过滤的重要手段，是当前解决信息超载问题的最有效的方法之一，是面向用户的互联网产品的核心技术。

推荐系统在20世纪90年代中期被作为一个独立的概念提出。20年间，推荐系统在学术界和工业界得到迅速发展，诞生了大量的理论、技术和应用。在信息大数据的时代，要有效地利用海量的用户历史信息和物品信息，发掘用户和物品之间的交互规律，**机器学习**（machine learning）技术必不可少。相应地，推荐系统作为机器学习的核心应用之一，也极大地促进了机器学习技术的进步。

在推荐系统的实际应用中，除了用户和产品的海量交互历史，可用的信息还包括用户画像（如年龄、性别等）、物品属性（如物品类别、描述、价格等）和上下文信息（如当前会话信息、用户位置等）。因此，实用的推荐算法需要有很强的扩展性，可以方便地融合各种**辅助信息**（side information）。在通用的机器学习框架下，这些辅助信息可以被统一表示为**特征向量**（feature vector），这一类可以读取特征向量作为输入的通用推荐算法也被称为**基于特征的推荐**（feature-based recommendation）。

对于基于特征的推荐算法而言，有一类特征较为特殊，即**拥有网络结构的特征**（network-structured feature）。这种特征存在于如下3个方面。

1）在很多实际场景中，用户之间存在一个**社交网络**

（social network），根据同质性（homophily）假设，两个在社交网络中关系紧密的用户（互相关注或拥有很多共同好友）可能会拥有相似的偏好。

2）物品之间也可能存在一个关系网络，例如：在电影和新闻推荐中，电影本身即为**知识图谱**（knowledge graph）中的一个**实体**（entity），新闻中也包含了大量类似的实体信息；在兴趣地点（Point Of Interest，POI）推荐中，POI 的地理位置信息构成了一个二维空间上的距离网络（distance graph）。这些物品之间的网络为我们提供了丰富的信息来提高推荐精度。

3）更一般地，用户和物品本身的交互信息就构成了一个**交互图**（interaction graph）。在大部分情况下，该交互图是一个二分图（bipartite graph）结构；在考虑标签（tag）、物品评价指标（aspect）等情况下，该二分图还可以扩展成三分图、四分图等。在不同的特殊情况下，交互图会呈现不同的特性。例如，用户和物品有交集时，该交互图就是一个普通图（非二分图）；当用户和物品的关系有评分（rating）或极性（polarity）时，该交互图就是一个加权图（weighted graph）或有符号图（signed graph）。

我们在图 1-1 中给出了以上 3 种图结构的实例。这是一个预测微博用户对名人的情感的应用[1]，其中便使用到了上述的 3 种图结构。和其他特征相比，网络结构的特征中交互更加复杂，特征的原始维度更高。如何从网络结构中学习有效的特征，并将这些特征有效地应用到推荐算法中，是提高推荐效率的关键问题。

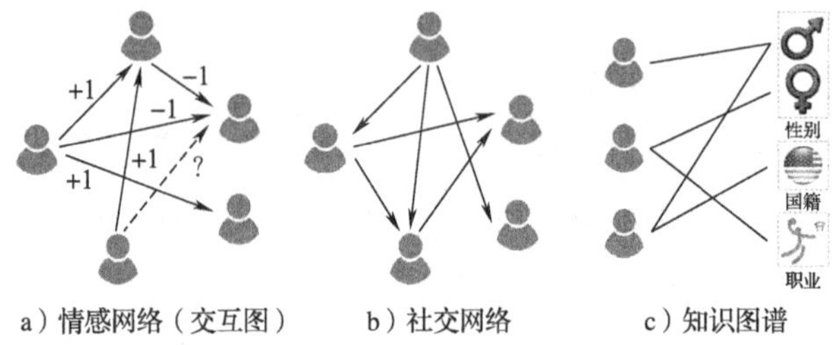

图 1-1　预测微博用户对名人的情感所使用的 3 个网络结构示意图

网络特征学习（network representation learning，也叫作 network embedding）试图为一个网络中的每个节点（vertex）学习得到一个低维表示向量（low-dimensional representation vector），同时保持其原有的网络结构信息。由于低维向量可以很容易地被各种下游的机器学习方法（例如逻辑斯蒂回归、支持向量机等）处理，因此，网络特征学习逐渐成为一个热门的研究领域。近年来，网络特征学习的研究已经扩展到了多种类型的网络（图），例如加权图（weighted graph）、有向图（directed graph）、有符号图（signed graph）、异构图（heterogeneous graph）等。特别地，知识图谱作为一种特殊的异构图，**知识图谱特征学习**（knowledge graph embedding）也引起了广泛的研究关注。

由于推荐问题中天然存在着大量的网络结构，因此，将网络特征学习与推荐系统相结合，用网络特征学习的方法去处理推荐系统中的相关特征，并将学习得到的特征有效地应用到推荐系统中，会有效地增强推荐系统的学习能力，提高推荐系统的精确度和用户满意度。网络结构，特别是知识图谱的引入，也会给推荐系统推荐的结果带来额外的多样性（diversity）和可解释性（explainability），这些性质有助于增强推荐系统对用户兴趣的发掘能力，提高用户对推荐系统的信任，从而为现实生活中的各类互联网应用提供更优良的用户体验，进而减轻信息爆炸带来的负面影响，提升整体经济效率。

1.2 推荐系统概述

在本节中，我们首先遵循推荐系统中的一般分类方法对其进行介绍，其中我们会重点关注协同过滤方法。然后，我们简单地介绍一些推荐系统最新的研究领域和方向。

1.2.1 传统推荐系统方法分类

在早期的综述中[2]，推荐系统被分为3类：**基于内容的方法**（content-based methods）、**协同过滤**（collaborative filtering）和**混合方法**（hybrid methods）。近年来，随着可用信息的增加，推荐算法日益细化和复杂，单纯的基于内容的方法或协同过滤越来越少，综合利用各种可用信息是推荐系统的未来趋势。在本节中，我们首先遵循传统分类方法，对推荐系统进行介绍。

1.2.1.1 基于内容的方法

基于内容的推荐系统使用针对物品（或用户）的描述来定义物品（或用户）的属性[3,4]。推荐系统会根据用户过去给出最高评分的物品的属性来给用户推荐最为匹配的物品。实现这种推荐方法的关键之一在于定义一种相似度度量标准（例如余弦距离）。

基于内容的方法的优势在于对用户兴趣可以很好地建模，并可以通过对物品属性维度的增加，获得更好的推荐精度。不足之处在于：①物品的属性有限，很难获得更多的属性数据，而对于很多类型的数据（图像、视频等）而言，自动特征提取是一件比较困难的工作[5] ㊀；②基于内容的方法只会给用户推荐和他的属性高度匹配的物品，也就是说，该推荐方法无法帮助用户发现新的兴趣和爱好。

1.2.1.2 协同过滤

协同过滤是推荐系统中最为流行和广泛使用的技术。简单地说，协同过滤方法根据其他相似用户对于某物品的评分来预测某用户对于该物品的评分。协同过滤方法基于如下的

㊀ 这种说法是针对传统推荐算法而言的。近 5 年来，随着计算能力的不断增强和数据量的空前增长，深度学习已经在针对图像和视频的特征学习领域取得了重大的突破，将图像等曾经难以提取特征的辅助信息用到推荐系统中也成为可能。

两个假设：①在过去拥有相似偏好的用户在未来也有相似的偏好；②用户的偏好随时间变化相对稳定。早期的综述将协同过滤方法分成两大类：基于记忆（memory-based）的算法和基于模型（model-based）的算法。

◆基于记忆的算法

基于记忆的算法[6-9]根据其他用户对某物品的评分来预测某用户对该物品的评分。也就是说，对于用户 c 和物品 s，一个未知评分 $r_{c,s}$ 的预测值为其他用户（通常为若干个最相似用户）对该物品 s 的评分的函数：

$$r_{c,s} = \underset{c' \in C}{\operatorname{agg}}\, r_{c',s} \tag{1-1}$$

其中 C 表示若干个对 s 给出评分的且和 c 最相似的用户的集合。聚合函数 agg 可以是简单的算术平均值、基于相似度的加权平均值等。相似度的度量可以是皮尔逊相关系数、余弦距离等。

◆基于模型的算法

基于模型的算法通过机器学习方法，使用评分集合学习出一个全局模型，然后基于模型来预测缺失的评分。由于可以选择的机器学习模型千差万别，基于模型的算法也有非常多的种类。文献［10］提出了一种基于支持向量机（SVM）的方法，使用启发式算法迭代计算估计缺失的评分值。文献［11］使用一种神经网络的算法，分别基于用户和基于物品进行预测。文献［12］提出了各种针对 Netflix 竞赛的推荐系统算法，并特别指出矩阵分解算法给出了最好的结果。其他在推荐系统中使用的模型还有：贝叶斯模型[13]、概率关系模型[14]、线性回归[15]、最大熵模型[16]、决策模型[17]、概率语言（PLSA）模型[18,19]、隐含狄利克雷分布模型（LDA）[20] 等。

协同过滤建模主要使用用户对物品的历史交互数据，也称为反馈数据。根据交互行为是否反映用户对物品的喜好程度，可以把反馈数据分为两类：①**显式反馈**（explicit feedback），通常是指能够直接反映用户对物品喜好程度的评分，例如豆瓣网㊀上用户对电影的 1~5 分的评分；②**隐式反馈**（implicit feedback），例如点击、购买、看视频、听音乐等行为。这些行为不能直接揭示用户是否喜欢一个物品，但能从侧面反映出用户对物品的兴趣。

◆**显式反馈**

早期较为常见的推荐系统任务是评分预测[21]。输入为三元组集合 $\langle u,i,y_{ui}\rangle$，代表用户 u 对物品 i 的评分 y_{ui}。所有历史数据可以表示为一个二维矩阵 Y，其中行、列和值分别代表用户、物品和评分。通常情况下，由于互联网产品中用户和物品的规模很大（百万级甚至更大），而用户只对少量的物品有评分，因此矩阵 Y 高度稀疏。评分预测任务可以表示为预测评分矩阵中的缺失数据。

通常而言，基于显式反馈的评分预测系统只优化矩阵 Y

㊀ https://www.douban.com。

中的观察数据，而完全忽略缺失数据。虽然这种做法极大降低了模型训练的时间复杂度并在预测未知评分任务上可以取得较低的误差率，但是在以排序为主的 top-k 物品推荐任务上表现较差[22]，甚至弱于非个性化的基于物品流行度的排序[23]。其主要原因是观察数据中有较强的选择偏差（selection bias），而缺失数据中含有丰富的负样本信息[24]。因此，在构造实际的 top-k 物品推荐系统时，传统评分预测模型完全忽略缺失数据的做法并不可取，考虑对缺失数据的建模非常重要。缺失数据的建模在基于隐式反馈的推荐方法中得到了广泛的研究和使用。

◆隐式反馈

相比于显式反馈，互联网内容提供商更容易获得隐式反馈，例如电商/视频网站可以从服务器中直接获取用户的点击/观看历史。由于不需要用户显式地提供评分，隐式反馈的选择偏差较小，而且其规模相对较大。因此，近些年对推荐系统算法的研究更集中在隐式反馈[25-29]。

与显式反馈类似，我们可以将隐式反馈描述为一个二维矩阵 Y。不同的是，这里 Y 中的每一个元素不是一个具体的评分，而是代表用户是否选择某一物品：1 代表选择，0 代表没有选择[⊖]。因此，对隐式反馈的建模更类似于一个二分

⊖ 在隐式反馈中，Y 的每个元素也可以代表选择次数，例如一个用户可能会观看同一个视频多次。相关研究可以参考文献［30］。

类问题——预测用户选择某一物品的概率。图 1-2 描述了显式反馈和隐式反馈数据上的区别[26]。

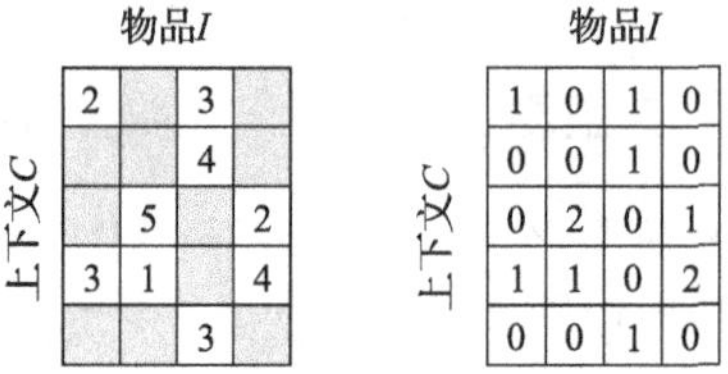

物品I

上下文C

2		3	
		4	
	5		2
3	1		4
		3	

物品I

上下文C

1	0	1	0
0	0	1	0
0	2	0	1
1	1	0	2
0	0	1	0

图 1-2　显式反馈和隐式反馈的区别：左图为显式反馈，矩阵中每个元素用 1~5 代表用户对物品的喜好程度；右图为隐式反馈，矩阵中每个元素用 1 或 0 代表用户是否选择了某一物品

值得一提的是，许多基于显式反馈的预测模型，如 SVD++[21]、TimeSVD[31] 等，对于隐式反馈同样适用，前提是要调整其优化目标函数，以适当的方式将缺失数据考虑进来。

综上所述，协同过滤方法的优势在于它可以很好地支持用户潜在兴趣偏好的发现。协同过滤的不足之处在于：①对新加入的用户和物品都无法给出准确的推荐，即**冷启动问题**（cold start problem）；②在显式反馈中，由于评分矩阵的**稀疏性**（sparsity），计算结果不是非常稳定，受异常值影响较大；③仅仅使用评分信息，没有包含用户和物品本身的属性，也不包含社交关系信息（如果可用的话）。

1.2.1.3　混合方法

鉴于基于内容的方法和协同过滤都存在各自的缺点，

一些推荐系统将两者结合，采用混合方法来避免两者的缺陷。不同的结合方法可以将混合推荐系统划分为 4 种类型：

第一，分别实现基于内容的方法和协同过滤，然后结合两者的预测结果。可以使用各个评分预测的线性组合[32] 或设计投票机制[33] 来结合所有的预测结果。

第二，在协同过滤中加入一些基于内容的特征。例如，文献［34］不仅实现了传统的协同过滤方法，而且维护了每个用户的基于内容的属性。

第三，在基于内容的方法中加入一些协同过滤的特征。此类别中最著名的方法是在一系列基于内容的属性中使用降维（dimensionality reduction）技术[35]。

第四，构造一个包含基于内容的方法和协同过滤的统一模型。例如，文献［36］提出在一个基于规则的分类器中结合两者的特征；文献［37］和文献［38］提出了一个结合两者的统一概率模型。

1.2.2 推荐系统最新的研究热点和方向

随着大数据和人工智能的蓬勃发展，推荐系统领域也相应地诞生出一些最新的研究热点，其中包括上下文感知（context-aware）的推荐、跨域（cross-domain）推荐、基于深度学习（deep learning based）的推荐等。

1.2.2.1 上下文感知的推荐

上下文信息（contextual information）在不同的文献中有不同的定义。文献［39］将上下文定义为研究对象的附近个体的位置、身份等信息。文献［40］将上下文定义为任何可以被用来描述个体所处环境的特征的信息。用户的上下文信息包含不同的属性，例如地理位置、情感状态、生理状态、行为特征、个人历史等[41]。传统推荐系统的关注点在于根据重要度和关联度来推荐给用户合适的物品，而没有考虑到额外的上下文信息。然而在很多推荐场景中，例如旅游景点推荐、移动应用推荐等，只考虑用户和物品的属性是不够的，将上下文信息包含进推荐系统的工作流程非常重要。

学术界已经有不少文献开始关注上下文感知的推荐系统。文献［42］中的模型考虑了在人机交互过程中动态的上下文因素对推荐效果的提升。文献［43］使用了多维张量（用户-物品-上下文）来对用户偏好进行建模。文献［44］指出，智能手机中个人数字助理（如 Siri、Cortana）的目标是在正确的时间提供正确的信息，然而现实中用户的意图高度依赖于上下文，如时空信息、用户当前活动等。

1.2.2.2 跨域推荐

传统推荐系统关注于单个平台或领域内的推荐，而使用多个平台或领域内所有可用的用户偏好信息可能会促成更有包容性的用户建模和更准确的推荐，例如，解决目标领域的冷启动问题或稀疏性问题。因此，跨域推荐系统的目标是利用源领域的知识（多数为用户偏好）在目标领域中辅助提高个性化推荐的准确度。

从用户角度而言，跨域推荐大致可以分为3类：①源领域和目标领域的用户完全重叠；②源领域和目标领域的用户部分重叠；③源领域和目标领域的用户完全不重叠。每种类别都有各自相应的跨域推荐建模方法，读者可以参考综述［45］获得更多信息。我们这里选择几篇有代表性的跨域推荐模型文献进行介绍。文献［46］将社交网络表示为多个关系领域，并通过迁移其他领域的知识到个体领域中来缓解稀疏性和冷启动的问题。文献［47］认为不同的平台不仅共享一个公有的评分模式，每个平台也都有自己特定的模式。因此，文献［47］提出了一个基于聚类的潜在变量模型来学习两种不同的模式。文献［48］研究了跨设备的搜索，提出了预测跨设备的搜索迁移的模型。文献［49］将社交网络表示成一个星形混合图，并将知识从辅助领域迁移到目标领域以提高推荐准确度。

1.2.2.3 基于深度学习的推荐

深度学习一般指代多层人工神经网络，近年来在语音识别、计算机视觉和自然语言处理等领域取得了巨大成功[50]。根据深度学习在推荐系统中的应用方式，我们可以将相关工作大致分为两类。

第一，作为一种基于数据的特征学习方法，深度学习技术可以从语义较为丰富的输入数据（如语音、图片、文本）中抽取有效的特征表示，以方便在推荐算法中使用这些辅助信息[51-55]。例如，文献［51］提出利用深度神经网络模型来处理音频并进行音乐推荐；文献［52］利用自编码器（autoencoder）来得到文本的高层特征，并结合协同过滤框架来进行文章推荐；文献［54］利用卷积神经网络（convolutional neural networks）对图片进行特征学习，并将其应用到社交网络上的图片推荐系统中；文献［55］对于用户和物品的 ID 特征都使用自编码器进行特征学习，同时在自编码器的每一层都加入辅助信息，并对最终的低维特征使用协同过滤进行推荐建模。

第二，作为一种通用的数据建模方法，深度学习对数据进行多重非线性变换，可以拟合出较为复杂的预测函数。推荐系统中的核心算法是协同过滤，其目标从机器学习的角度可以看成拟合用户和物品之间的交互函数，因此，近期一系列的工作也将深度学习技术应用于协同过滤的交互函数上[56-61]。例如，DeepFM[56] 扩展了分解机（Factorization Machine，FM）方法，在 FM 中引入了一个深度模型来拟合特征之间复杂的交互关系；Wide&Deep[57] 的 Wide 部分采用和分解机一样的线性回归模型，Deep 部分采用基于特征表示学习的多层感知机模型；文献［58］提出了一个深度模型用于

Youtube 的视频推荐；NCF[59] 用多层感知机替换传统协同过滤中的内积操作；DMF[61] 类似于 DeepFM，在传统矩阵分解模型中引入了一个深度学习模块来提高模型的表达能力。

1.3 网络特征学习概述

在本节中，我们首先介绍网络特征学习的背景知识，然后按照不同的分类方法，详细介绍各类网络特征学习方法的特点。

1.3.1 背景介绍

网络（network）或**图**（graph）结构广泛地存在于多种真实场景中，如在线用户的社交网络、学术文章的引用网络、知识图谱等。对网络结构的分析可以让我们更好地挖掘网络中隐藏的信息，在连接预测（link prediction）、节点分类（node classification）、聚类（clustering）、推荐（recommendation）、可视化（visualization）应用中都有极其广泛的用途。

在原始的网络中，每个节点的邻接向量是一个非常冗长且稀疏的表示，这种特征难以被现有的机器学习方法有效地利用。**网络特征学习**（network representation learning，也叫作 network embedding）试图为一个网络中的每个**节点**（vertex 或 node）学习得到一个低维表示向量（low-dimensional representation vector），同时保持其原有的网络结构信息。由于低维向量可以很容易地被各种机器学习方法处理（例如逻辑斯蒂回归、支持向量机等），因此，网络特征学习近年来逐渐成为一个热门的研究领域。

◆ 2000年以前

在2000年以前，网络特征学习的主要表现形式是对高维数据进行降维。传统的方法包括主成分分析（Principle Component Analysis，PCA）[62]、线性判别分析（Linear Discriminant Analysis，LDA）[63]、多维缩放（Multiple Dimensional Scaling，MDS）[64]等。PCA[62]经常用于减少数据集的维数，同时保持数据集中对方差贡献最大的特征。这是通过保留低阶主成分，忽略高阶主成分做到的。这样，低阶成分往往能够保留数据的最重要方面。从技术上来说，PCA对样本X的协方差矩阵XX^{T}进行特征值分解，取最大的k个特征值对应的特征向量，将其作为投影矩阵。PCA是一种无监督学习方法，出发点是尽可能保留数据的方差，这对于某些分类问题并不是非常有效。鉴于这一点，LDA[63]的核心思想是将高维空间中的数据点映射到低维空间中，使得同类点之间的距离尽可能接近，不同类点之间的距离尽可能远。LDA的思想和支持向量机有异曲同工之处，区别在于支持向量机是将数据从低维向高维进行映射，目的是更好地分类；而LDA是将数据从高维向低维进行映射，目的是更好地降维。MDS[64]的思想更简单直接，即在低维空间中（近似）保持每一对点的距离等于它们在原始高维空间里的距离。

◆ 2000 年左右

2000 年前后也涌现了一些新的降维方法，其中较为经典的有同态映射（Isometric Mapping，IsoMap）[65]、局部线性嵌入（Locally Linear Embedding，LLE）[66] 和拉普拉斯特征映射（Laplacian eigenmaps）[67]。IsoMap 和 LLE 都是流形学习（manifold learning）中的方法。流形学习假设高维数据分布在一个特定的低维空间结构（流形）上，然后试图在低维空间上保持原有高维空间中数据的结构特征。具体来说，IsoMap[65] 只考虑高维空间中每个点和它最邻近的 k 个点的距离，基于这些（测地线）距离计算所有点对的距离，然后调用多维缩放的算法进行降维，保持每个节点和其局部邻近节点之间的距离关系。而 LLE[66] 在高维空间中计算每个点和它邻近节点的线性依赖关系，并试图在低维空间中保持这种线性依赖。拉普拉斯特征映射[67] 则是另一大类方法，即图拉普拉斯（graph Laplacian）或谱分析（spectral analysis）的代表。事实上，图拉普拉斯方法在近年来最新的网络特征学习方法中依然占据一席之地。

◆ 2010 年以后

2010 年以后，研究者们对网络特征学习的研究也从由高维数据构建起来的“网络”逐渐转移到真实的网络结构上来。2013 年，word2vec[68] 提出利用 SkipGram 模型来学习词的低维向量表示（也叫词向量，word embedding）。由于 word2vec 简洁的方法和优秀的性能，学术界掀起了一股特征学习的热潮，网络特征学习的研究也呈现井喷之势。我们接下来将按照网络特征学习的输入、输出和方法，对该领域进行简要介绍。

1.3.2 输入网络的种类

网络特征学习的输入是一个网络，输入网络可以分为如下几类。

第一，同构图，即网络中的节点和边的种类都只有一个，例如引用网络。同构图又可以进一步按照无向/有向、无权重/有权重、无符号/有符号等标准细分。例如，文献［69-71］将图中所有的节点和边都视为同一类别，整个图中只有基本的结构信息是可用的。文献［72,73］考虑的是有权重的图，即图中的边附加了一个权重信息。两个点之间的权重越大，它们的表示向量就会越接近。文献［74］考虑的社交网络结构中，用户之间有关注/被关注的关系，所以该图是一个有向图。另外，一些通用的网络特征学习算法会同时适用于无向/有向、无权重/有权重的图，参见文献［75-77］。还有一些工作关注于有符号的网络[78,79]，这些网络一般是基于情感（sentiment）的数据集，如购物网站上的评论记录等。

第二，异构图，即网络中的节点或边的种类不止一个。一般而言，这种图有两种表现形式。①多媒体网络（multi-media network）。例如，文献［80］考虑了有 2 种类别的节点（图像和文本）和 3 种类别的边（图像-图像、图像-文本、文本-文本）的图；文献［54］考虑了一个由用户和图像组成的网络。②知识图谱（knowledge graph）。知识图谱中，每个点是一个实体（entity），每条边表示一种关系（relation），每个三元组（h,r,t）表示头节点 h 和尾节点 t 由关系 r 相连接。由于知识图谱表示学习（knowledge graph embedding）具有重要的应用价值，近几年来也成为一个热门研究方向，读者可以参考最新的综述［81］。值得一提的是，在知识图谱特征学习中，有一类基于翻译（translation-based）的方法引人注目，例如 TransE[82]、TransH[83]、TransR[84] 等，这类方法的目标是，针对一个三元组（h,r,t），学习得到的向量满足

$$h + r \approx t \tag{1-2}$$

即关系 r 充当了从头节点到尾节点的翻译转换的角色。

第三，带辅助信息的图，比如节点或边可能会携带标签信息、属性信息、特征信息等。例如，文献［85］假定节点有一个二分类的标签，并将网络特征学习和训练分类器在目标函数的层面联合起来；文献［86］考虑了图中节点和边既有离散的属性又有连续的属性的情况；文献［87,88］分别考虑了节点携带了文本特征和文档特征情况下的网络特征学习。

第四，由非关系型数据转化成的图，这一类常见于早期方法，即高维数据的降维算法，详见 1. 3. 1 节。

1.3.3 输出特征的种类

第一，输出节点的特征。网络特征学习中最常见的输出是节点的特征向量。几乎前文所述的所有方法都属于此类。

第二，输出边的特征。在知识图谱特征学习中，除了输出节点的特征之外，也会输出边的特征向量。这是因为知识图谱中，每一条边都属于一种特定的关系（relation），关系的特征向量在知识图谱的各种应用（例如关系抽取（relation extraction）、知识图谱补全（knowledge graph completion）、问答系统（question answering））中都有重要的作用。另外，如果网络特征学习用于连接预测（link prediction）的任务，那么也会输出一个节点对（即一条边）的特征向量[77]。

第三，输出混合特征。这种情况下，会输出不同的组成部分的特征组合，例如节点+边（即图的子结构），或节点+团体（community）等。例如，文献［89］学习了子图（subgraph）的特征，用来为图的分类问题定义一种图内核（graph kernels）；文献［69］考虑了团体感知（community-aware）的高阶节点近邻关系，并在一个统一的框架中联合优化了团体检测目标和网络特征学习的任务。

第四，输出全图的特征。这种情况一般为输出一些小型网络结构（例如蛋白质、分子等）的特征，每一个小型网络结构被表示成单个向量，两个相似的图会得到相似的特征向量。全图特征学习可以直接用来计算图的相似性[86,90]。

图 1-3 描述了网络特征学习中不同输出的实例[91]。

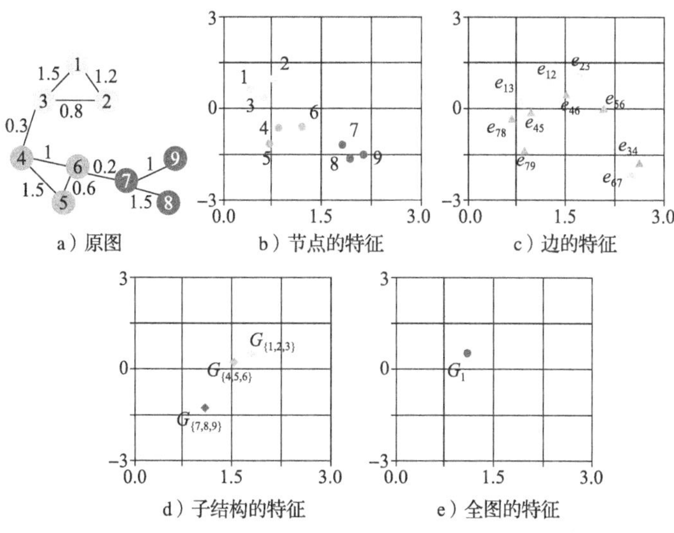

图 1-3 将一个网络通过特征学习得到不同粒度的特征表示的示意图。$G_{\{1,2,3\}}$ 表示包含 v_1，v_2 和 v_3 的子结构

1.3.4 典型方法

网络特征学习的方法可以大致分成如下几类。

第一，矩阵分解（matrix factorization）。这种方法涵盖了几乎所有的传统方法，包括主成分分析（PCA）、多维缩放（MDS）、同态映射（IsoMap）等。另外，以拉普拉斯特征映射（Laplacian eigenmaps）为代表的谱分析（spectral analysis）方法也是矩阵分解的一种，详见 1.3.1 节。

第二，随机游走（random walk）。这种方法使用随机游走的方法，从图中采样出很多条路径，然后基于这些路径来学习节点的特征表示。事实上，在将图表示为路径的集合之后，整个图就被转换成了一个由节点组成的“文档”，因此，以 word2vec[68] 为代表的词向量学习方法都可以被应用到这里。第一个使用随机游走来进行网络特征学习的方法是 DeepWalk[92]。DeepWalk 正是利用随机游走，将图表示为游走路径的集合，然后使用 SkipGram 方法进行节点特征学习。node2vec[77] 也是这种方法的代表之一。node2vec 十分类似于 DeepWalk，区别在于 node2vec 更细粒度地定义了随机游走中选择下一个节点的方式。

第三，深度学习（deep learning）。文献［93,94］使用自编码器（autoencoder）进行网络特征学习。例如，SDNE[94] 将网络中每个节点用它的邻接向量表示，当作自编码器的输入，然后对于每一条边，都让其两个点在自编码器的中间层输出尽量接近。这种方法的一个不足之处在于，对于大规模网络而言，邻接向量会非常冗长且稀疏，从而使这种方法的计算效率大大降低。HNE[80] 也利用卷积神经网络（convolutional neural networks）来处理图像，进行网络特征学习。

第四，其他自定义损失函数（self-defined loss function）。例如，LINE[76] 中定义了一阶邻近关系和二阶邻近关系，并以此为目标设计了两个损失函数项。知识图谱特征学习中的各种方法也都是自定义的损失函数，详见 1.3.2 节。

1.4 本书研究内容及结构安排

◆ 研究内容

网络结构的数据在推荐系统中相当普遍。本书的研究目标是推荐系统和网络特征学习的结合，利用网络特征学习的技术更好地融合网络结构的辅助信息，提高推荐的效率。推荐场景本身包含了丰富的网络结构，例如用户和物品的交互图、用户端的社交网络、物品端的知识图谱等。如果能够借助一些最近的网络特征学习的方法，并将其有效且自然地融合进推荐算法的框架，那么将很大程度上提升推荐的精确度和用户满意度。基于这个目标，本书的主要研究内容和贡献如下。

1. 利用网络特征学习方法对推荐系统中的交互图进行建模

用户和物品的交互分为两类：一类是显式反馈（explicit feedback），例如用户对电影直接评分；另一类是隐式反馈（implicit feedback），例如用户在购物网站上对商品的点击和浏览行为。在这两种情况下，用户和商品之间构成了一个有权重或无权重的交互图，其中边表示评分、点击、浏览等操作。在特殊情况下，用户和物品之间的交互图也会携带正负号或其他辅助信息。传统的推荐算法主要立足于机器学习的分类和回归模型，本书提出从网络的角度来设计推荐算法模型。

一般而言，现有的网络特征学习方法可以分成两类。第一类是*生成式方法*（generative methods），这类方法通常假设对于网络中的每个节点 v_c，都存在一个真实的连接性概率分布（connectivity distribution）$p_{\text{true}}(v \mid v_c)$。这个连接性概率分布刻画了 v_c 节点对于图中其他每个节点的连接偏好。在这种假定下，图中的边可以看作由这些条件的概率生成出的样本。第二类方法是*判别式方法*（discriminative methods），这类方法试图直接学习一个分类器来判定两个节点之间是否存在边。更具体地说，判别式方法将两个节点视为输入特征，然后输出预测的两个节点之间有边的概率。本书研究一个将两者进行统一的联合模型。在联合模型中，判别器和生成器之间进行*对抗式训练*（adversarial training）：生成器试图拟合真实的连接性概率分布 $p_{\text{true}}(v \mid v_c)$ 并生成出可能和 v_c 相连的点，而判别器试图为 v_c 节点区分它真实的邻居和由生成器生成出的“伪”邻居。两者之间的对抗学习会迫使它们各自提高生成或判别能力，直至收敛。最后，学习得到的模型可以用来刻画用户或者物品并应用于推荐系统的场景。

2. 利用网络特征学习的方法将用户端的社交网络信息融合到推荐算法中

在很多推荐场景中，用户端都会存在一个在线社交网络。例如，在微博投票推荐场景中，用户之间存在关注/被关注的关系；在电影推荐场景中，豆瓣用户之间也存在着好友的关系。根据同质性（homophily）假设，两个在社交网络中关系紧密的用户的偏好也很可能会相似。因此，使用社交网络的信息来辅助推荐算法有重要的实际意义。本书研究两种将社交网络信息和推荐系统进行融合的方法。

1）*基于特征的方法*。鉴于社交网络的高维性，基于特征的方法会先用网络特征学习技术将社交网络中的节点（即用户）映射到低维连续空间，然后将学习得到的用户的低维特征用于后续的推荐任务。特别地，本书研究在微博明星推荐任务中，利用用户的社交关系辅助推荐系统的决策。本书使用自编码机（auto-encoder）挖掘用户的社交信息。自编码机是一种无监督的表征学习方法，近年来在计算机视觉、自然语言处理、数据挖掘等领域都取得了很大的成功。自编码机学习得到的社交信息向量会用于辅助后续的预测和推荐。

2）*基于结构的方法*。与基于特征的方法不同，基于结构的方法会对社交网络的结构进行更加直接的挖掘和利用。特别地，本书研究微博投票推荐任务中用户端的社交网络结构对投票参与度的影响。我们设计了一种联合矩阵分解模型，将用户的关注/被关注信息和用户的群组信息融合到推荐系统的设计中。真实数据集上的实验结果表明，社交网络结构和用户的投票行为有明显的相关性，且考虑社交网络结构会对推荐结果有明显的提升。

3. 利用网络特征学习的方法将物品端的知识图谱信息融合到推荐算法中

在很多推荐场景中，物品可能会包含丰富的知识信息。

例如，在电影推荐中，电影本身就是知识图谱中的一个实体，在知识图谱中会和很多其他实体相连接，如导演、演员、类别、国家等；在新闻推荐中，新闻文本通常也会包含丰富的知识实体信息。物品端的知识图谱极大地扩展了物品的信息，强化了物品之间的联系，为推荐提供了丰富的参考价值。同时，知识图谱还能为推荐结果带来额外的多样性（diversity）和可解释性（explainability）。但值得注意的是，和社交网络相比，知识图谱是一种异构网络（heterogeneous network），因此针对知识图谱的算法设计要更复杂和精巧。类似地，本书提出两种将知识图谱引入推荐系统的方法。

1）**基于特征的方法**。为了解决原始知识图谱的高维性和异构性，本书首先使用**知识图谱特征学习**（knowledge graph embedding）方法，对知识图谱中的实体（entity）和关系（relation）都学习得到一个低维向量表示。这些低维向量表示可以用于后续的推荐系统。根据知识图谱特征学习任务和推荐系统任务的具体训练设置的不同，我们又可以将这类方法分为两种：**依次学习法**（one-by-one learning）和**交替学习法**（alternate learning）。相应地，本书提出两个模型。第一个模型是依次学习法的代表，用于新闻推荐任务。我们针对新闻标题中出现的实体进行知识图谱特征学习，然后将得到的实体向量（entity embedding）和词向量（word embedding）在一个卷积神经网络（CNN）的框架中进行融合。该模型可以很好地融合知识图谱和文本语义中的特征，并且对用户的历史兴趣进行充分的提取和刻画。第二个模型是交替学习法的代表，也是一个通用的推荐框架。它将推荐系统和知识图谱特征学习视为两个分离但又高度相关的任务，并设计了一种多任务学习（multi-task learning）机制来利用知识图谱辅助推荐系统。两个任务模块在多任务学习框架下进行交替训练和优化。该模型被证明具有高度的组合特征（combinatorial features）刻画能力和泛化推广能力。

2）**基于结构的方法**。本书也同样研究了更直观地利用知识图谱结构的方法，并提出了两种模型。两种模型都涉及在知识图谱上进行宽度优先搜索（breath-first search）来获取一个实体在知识图谱中的关联实体，但是在建模时又有所不同。第一个模型属于**向外传播法**（outward propagation），它模拟了用户的兴趣在知识图谱上的传播过程。我们将用户的历史兴趣在知识图谱上沿着关系边向外逐层扩散，借此发现用户更多潜在的、层级化的偏好。第二个模型属于**向内聚合法**（inward aggregation），它在学习知识图谱实体特征的时候聚合了该实体的邻居特征表示。通过增加迭代次数，邻居的定义可以扩展到多跳之外，从而实现对用户潜在兴趣的挖掘。在真实数据集上的实验结果表明，对知识图谱的高阶（high-order）结构信息的利用可以很好地提升推荐系统的性能，同时，基于结构的方法也具有很强的可解释性。

◆ **结构安排**

本书共分为7章，具体的结构安排如下。

第 1 章为绪论，概述了本书的研究背景和意义，介绍了推荐系统和网络特征学习的基本概念和研究现状，以及与本课题相关的研究工作，阐述了本书的主要工作和取得的成果。

第 2 章研究了直接应用于推荐系统交互图的网络特征学习方法。通过将用户和物品的交互信息视为网络结构，我们设计了相应的网络特征学习方法对用户和物品进行建模。本章相关内容发表在 AAAI 2018[95] 上。

第 3 章研究了将社交网络融合到推荐系统中的基于特征的方法。通过网络特征学习对社交网络进行处理，将高维的社交网络映射为低维的特征表示，并作为后续推荐系统的输入。本章相关内容发表在 WSDM 2018[1] 上。

第 4 章研究了将社交网络融合到推荐系统中的基于结构的方法。通过对社交网络的边结构（关注/被关注信息）和聚类结构（群组信息）的挖掘，我们将社交网络的结构信息和推荐系统进行直接结合。本章相关内容发表在 CIKM 2017[96] 上。

第 5 章研究了将知识图谱融合到推荐系统中的基于特征的方法。我们提出了两种模型：第一种模型属于依次学习法，它通过知识图谱特征学习得到新闻文本中的实体的向量表示，然后将该实体向量和词向量在卷积神经网络的框架中进行融合；第二种模型属于交替学习法，它将推荐系统和知识图谱特征学习视为两个相关的任务，并设计了一个多任务学习方法来利用知识图谱提升推荐系统性能。本章相关内容发表在 WWW 2018[97] 以及 WWW 2019（在投）上。

第 6 章研究了将知识图谱融合到推荐系统的基于结构的方法。我们提出了两种模型：第一种模型属于向外传播法，它模拟了用户兴趣在知识图谱上逐层向外传播的过程；第二种模型属于向内聚合法，它在学习实体向量的时候聚合了多跳的邻居信息。本章相关内容发表在 CIKM 2018[98] 以及 WWW 2019（在投）上。

第 7 章对本书进行了总结并对未来的工作进行了展望。

本书的结构体系及各章之间的关系如图 1-4 所示。

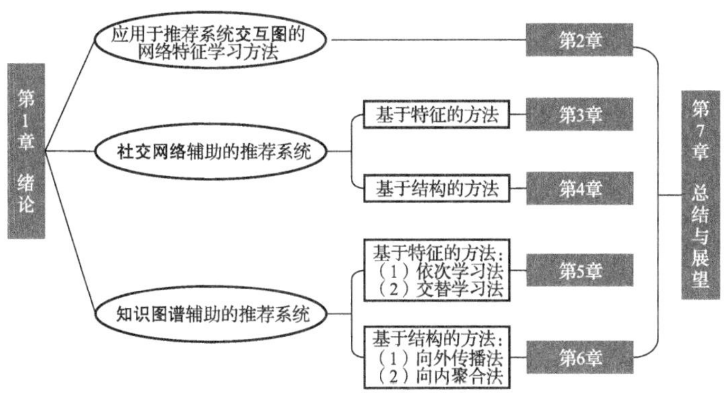

图 1-4　本书组织结构

第 2 至第 6 章的所有工作的第一作者均为本书作者。所有工作的代码实现均已开源[⊖]。

⊖ https://github.com/hwwang55。

第2章

应用于推荐系统交互图的网络特征学习方法

2.1 引言

正如我们在1.4节所述，网络结构的数据在推荐系统中相当普遍。推荐场景本身包含了丰富的网络结构，在本章中，我们关注用户和物品的交互。用户和物品的交互分为两类：一类是显式反馈，例如用户对电影直接评分；另一类是隐式反馈，例如用户在购物网站上对商品的点击和浏览行为。在这两种情况下，用户和商品之间构成了一个有权重或无权重的**交互图**（interaction graph），其中边表示评分、点击、浏览等操作。本章研究面向推荐系统交互图的网络特征学习方法。

一般而言，现有的网络特征学习方法可以分成两类。

第一类是**生成式方法**（generative methods），这类方法通常假设对于网络中的每个节点 v_c，都存在一个真实的连

接性概率分布（connectivity distribution）$p_{\text{true}}(v \mid v_c)$。这个连接性概率分布刻画了 v_c 节点对于图中其他每个节点的连接偏好。在这种假定下，图中的边可以看作由这些条件的概率生成出的样本。例如，Deepwalk[92] 使用随机游走（random walk）为每个节点对它的“上下文”节点（context vertices）进行采样，然后最大化在给定某节点后观测到它的上下文节点的似然（likelihood）。node2vec[77] 进一步拓展了 Deepwalk 的方法，它提出了一个有偏（biased）的随机游走，使得模型在为给定节点生成上下文节点时具有更多的灵活性。

第二类方法是**判别式方法**（discriminative methods），这类方法试图直接学习一个分类器来判定两个节点之间是否存在边。更具体地说，判别式方法将两个节点视为输入特征，然后输出预测的两个节点之间有边的概率，即 $p(edge \mid (v_i, v_j))$。例如，SDNE[94] 使用稀疏的邻接向量作为节点的原始特征，以边的信息作为监督（supervision）来源，并设计了自动编码机（auto-encoder）来提取节点的稠密表示。PPNE[99] 使用相连的节点作为正样本，不相连的节点作为负样本，以此设计监督学习来得到节点特征，并在训练过程中同时维护节点的内在属性。

虽然生成式方法和判别式方法是两种不相交的网络特征学习方法，但是它们可以被视为对网络本质的两种高度相关的刻画[100]。事实上，LINE[76] 已经在结合两者的目标函数上做了初步尝试（LINE 称之为一阶和二阶邻近关系(first-order and second-order proximity)）。近年来，**生成对抗网络**（Generative Adversarial Nets，GAN）获得了研究人员极大的关注。GAN 及其变种设计了一种博弈式的极大极小游戏(game-theoretical minimax game）来结合生成式模型和判别式模型，并在多个领域（例如图像生成[101]、序列生成[102]、对话生成[103]、信息检索[100] 和跨域学习[104]）取得了很大的成功。

受到 GAN 的启发，本书提出 GraphGAN，一种联合统一生成式方法和判别式方法的模型。具体而言，我们希望在 GraphGAN 中训练两个模型：①**生成器**（generator）$G(v \mid v_c)$，它试图拟合真实的连接性概率分布 $p_{\text{true}}(v \mid v_c)$，并生成出可能和 v_c 相连的点；②**判别器**（discriminator）$D(v,v_c)$，它试图为 v_c 节点区分它真实的邻居和由生成器生成出的“伪”邻居，并计算两个点之间有边相连的概率。在 GraphGAN 中，G 和 D 两者之间在进行一种极大极小游戏：生成器试图根据判别器提供的信号去生成难以区分的伪邻居，而判别器试图将真实邻居和伪邻居“划清界限”。两者之间的对抗学习会迫使它们各自提高生成能力或判别能力，直至收敛。

在 GraphGAN 的框架下，本书研究了生成器和判别器的实现。我们发现传统的**归一化指数函数**（softmax，下文中皆使用其英文原名）及其变形并不适合作为生成器的实现，原因为：①softmax 对图中所有节点一视同仁，缺乏对图结构的刻画；②softmax 的计算涉及图中所有节点，非常耗时。为了解决这两个问题，在 GraphGAN 中我们提出一种新的生成器的实现，叫作**网络结构感知的归一化指数函数**（graph softmax，下文中皆使用其英文原名）。graph softmax 提出了一种新的节点连接性概率的定义。我们证明 graph softmax 满足以下 3 个有用的性质：**归一化**（normalization）、**网络结构感知**（graph structure awareness）和**高计算效率**（computational efficiency）。相应地，我们也为生成器设计了一种和 graph softmax 对应的、基于随机游走的在线生成策略（online generating strategy）。

GraphGAN 作为一种通用的网络特征学习方法，不仅可以用于推荐系统，也可以用于连接预测（link prediction）、节点分类（node classification）等其他任务。我们将 GraphGAN 应用在 5 个真实的数据集上。实验结果表明，相比于最新的基准方法，GraphGAN 在连接预测任务上将 AUC 指标提升了 0.5%到 56.5%，在节点分类任务上将 Micro-F1 指标提升了 1.3%到 30.1%，在推荐系统任务上将 Precision@ 20 和 Recall@ 20 指标提升了至少 38.6%和 52.3%。

本章结构安排如下：2.2 节介绍了 GraphGAN 的整体设计及判别器和生成器的优化；2.3 节介绍了 graph softmax 的

设计，证明了 graph softmax 的性质，并介绍了生成器的在线生成策略；2.4 节展示了实验结果；2.5 节对本章工作进行了小结。

2.2 生成对抗式的网络特征学习

2.2.1 GraphGAN 模型框架

我们将本章研究的问题形式化如下：记 $\mathcal{G}=(\mathcal{V},\mathcal{E})$ 为一个给定的图，其中 $\mathcal{V}=\{v_1,\cdots,v_v\}$ 代表节点集合，$\mathcal{E}=\{e_{ij}\}_{i,j\in\mathcal{V}}$ 代表边集合。对于一个给定的节点 v_c，我们记 $\mathcal{N}(v_c)$ 为和 v_c 直接相连的节点（邻居节点）集合。一般来说，$\mathcal{N}(v_c)$ 的大小会远远小于图中节点的总数。给定节点 v_c，我们将其与其他节点之间真实的连接性分布记为条件概率 $p_{\text{true}}(v\mid v_c)$，它反映了 v_c 对图中其他所有节点的连接偏好的分布。从这个角度而言，$\mathcal{N}(v_c)$ 可以被视为一个从 $p_{\text{true}}(v\mid v_c)$ 进行采样得到的集合。给定图 $\mathcal{G}$，我们的目标是学习得到以下两个模型：

- 生成器 $G(v\mid v_c;\theta_G)$。生成器试图去拟合真实但未知的连接性分布 $p_{\text{true}}(v\mid v_c)$，并在节点集合 $\mathcal{V}$ 中生成（选择）最可能和 v_c 相连的点。
- 判别器 $D(v,v_c;\theta_D)$。判别器的目的是判断一对节点

(v,v_c) 的连接性。$D(v,v_c;\theta_D)$ 输出节点 v 和 v_c 之间有边的概率。

生成器 G 和判别器 D 类似于两个对手：生成器试图去完美地拟合 $p_{\text{true}}(v \mid v_c)$，并生成和 v_c 的真实邻居高度相似的节点来欺骗判别器；相反，判别器想要判断输入的节点是真实相连的节点对，或是由生成器生成出的伪样本。生成器和判别器在 GraphGAN 中进行一个极大极小游戏，游戏的目标函数是 $V(G,D)$：

$$\min_{\theta_G} \max_{\theta_D} V(G,D)$$

$$= \sum_{c=1}^{V} \left(\mathbb{E}_{v \sim p_{\text{true}}(\cdot \mid v_c)} [\log D(v,v_c;\theta_D)] + \mathbb{E}_{v \sim G(\cdot \mid v_c;\theta_G)} [\log(1 - D(v,v_c;\theta_D))] \right) \tag{2-1}$$

基于式(2-1)，生成器和判别器的参数可以通过交替最大化和最小化目标函数 $V(G,D)$ 得到。GraphGAN 的框架如图 2-1 所示。在每一次迭代中，判别器 D 的输入正样本来源于 $p_{\text{true}}(\cdot \mid v_c)$（绿色节点），输入负样本来源于生成器 $G(\cdot \mid v_c;\theta_G)$（蓝色条纹节点）。生成器 G 根据来源于 D 的信号，使用策略梯度（policy gradient）的方法进行学习（稍后会详细介绍）。G 和 D 之间的竞争会驱使两者提高各自的性能，直到 G 生成的分布和真实的连接性分布之间已经无法区分。

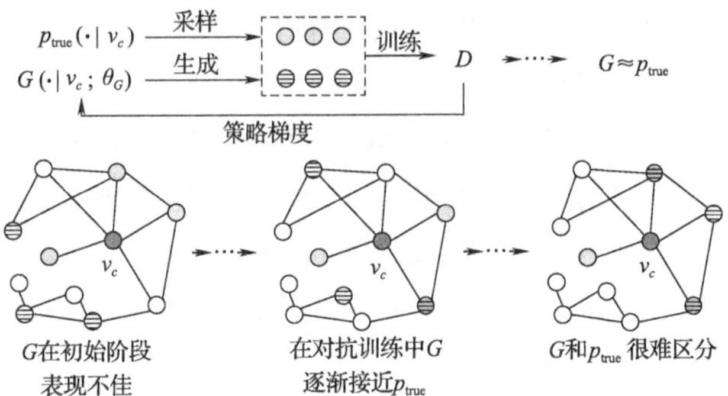

图 2-1　GraphGAN 模型框架

我们在下文详细讨论判别器和生成器的实现与训练。

2.2.2　判别器和生成器的实现与训练

◆ **判别器**

给定来自真实连接性分布的正样本和由生成器生成的负样本，判别器的目标是最大化将所有样本正确分类的概率。如果 D 关于 θ_D 可微，那么该优化可以通过梯度下降法实现。在 GraphGAN 中，我们定义 D 为两个输入向量（即两个节点的特征）的归一化内积：

$$D(v,v_c;\theta_D)=\sigma(d_v^{\mathrm{T}}d_{v_c})$$

$$=\frac{1}{1+\exp(-d_v^{\mathrm{T}}d_{v_c})} \tag{2-2}$$

其中 $d_v,d_{v_c}\in\mathbb{R}^d$ 是两个输入节点 v 和 v_c 关于判别器 D 的 d 维表示向量，θ_D 即是所有节点的表示向量 d_v 的集合，σ 为 sigmoid 函数。但是需要注意的是，任何判别式模型都可以作为这里的 D 的实现，例如 SDNE[94]。注意到式(2-2)只涉及 v 和 v_c，这表明给定一个节点对（v,v_c），我们只需要依据梯度下降法更新 d_v 和 d_{v_c}：

$$\nabla_{\theta_D}V(G,D)=\begin{cases}\nabla_{d_v,d_{v_c}}\log D(v,v_c;\theta_D) & \text{如果 } v\sim p_{\text{true}};\\ \nabla_{d_v,d_{v_c}}(1-\log D(v,v_c;\theta_D)) & \text{如果 } v\sim G\end{cases}$$

(2-3)

◆ **生成器**

和判别器相反，生成器的目标是最小化判别器将其生成的样本正确判别为负样本的概率。换句话说，生成器会调整自己估计的连接性分布（即参数 θ_G）来提升 D 对自己生成的样本的判别分数。由于 v 的采样是离散的，参考文献［102，105］，本书提出通过策略梯度来计算 $V(G,D)$ 关于 θ_G 的梯度：

$$\begin{aligned}&\nabla_{\theta_G}V(G,D)\\&=\nabla_{\theta_G}\sum_{c=1}^{V}\mathbb{E}_{v\sim G(\cdot\mid v_c;\theta_G)}[\log(1-D(v,v_c;\theta_D))]\\&=\sum_{c=1}^{V}\sum_{i=1}^{N}\nabla_{\theta_G}G(v_i\mid v_c;\theta_G)\log(1-D(v_i,v_c;\theta_D))\\&=\sum_{c=1}^{V}\sum_{i=1}^{N}G(v_i\mid v_C;\theta_G)\nabla_{\theta_G}\log G(v_i\mid v_c;\theta_G)\log(1-D(v_i,v_c;\theta_D))\\&=\sum_{c=1}^{V}\mathbb{E}_{v\sim G(\cdot\mid v_c;\theta_G)}[\nabla_{\theta_G}\log G(v\mid v_c;\theta_G)\log(1-D(v,v_c;\theta_D))]\end{aligned}$$

(2-4)

为了理解上述公式，注意到$\nabla_{\theta_G} V(G,D)$ 是一个由 $\log(1-D(v,v_c;\theta_D))$ 加权的梯度$\nabla_{\theta_G}\log G(v \mid v_c;\theta_G)$的求和。直观上说，这意味着有高概率负样本的节点会将生成器 G “拉着”远离自己（因为我们在 θ_G 上执行梯度下降）。

我们接下来讨论生成器的两种可能实现。

softmax。一种直观的方法是将生成器定义为在所有其他节点上的 softmax 函数[100]，即：

$$G(v \mid v_c;\theta_G)=\frac{\exp(g_v^{\mathrm{T}} g_{v_c})}{\sum_{v \neq v_c}\exp(g_v^{\mathrm{T}} g_{v_c})} \tag{2-5}$$

其中 $g_v, g_{v_c} \in \mathbb{R}^d$ 是节点 v 和 v_c 关于生成器 D 的 d 维表示向量，θ_G 即是所有节点的表示向量 g_v 的集合。如此，为了更新 θ_G，我们根据式(2-5)计算 $G(v \mid v_c;\theta_G)$，然后根据 G 随机采样出（v,v_c）的集合，并通过梯度下降法更新 θ_G。softmax 函数为 G 中的连接性分布提供了一个简洁而直观的定义，但是它在网络特征学习的应用中有两个缺点：①式(2-5)中的 softmax 的计算涉及图中所有的节点，这意味着对每个生成出的样本 v，我们需要计算梯度$\nabla_{\theta_G}\log G(v \mid v_c;\theta_G)$ 并更新所有节点，这对于真实的大规模图或网络（百万节点甚至更多）是非常低效的；②softmax 函数对所有的节点一视同仁，完全忽略了对图中的结构信息的利用。

hierarchical softmax（层级归一化指数函数，下文中皆使用其英文原名）。hierarchical softmax[106] 是一种流行的对

softmax 的替代函数。根据上文分析，给定 $v, v_c \in \mathcal{V}$，按照式(2-5)计算 $G(v \mid v_c; \theta_G)$ 通常是不可行的（归一化因子的计算代价过高）。因此，hierarchical softmax 在一棵二叉树（binary tree）中将该概率分布的计算进行分解。具体地说，hierarchical softmax 为每个图中的节点分配一个二叉树的叶节点（leaf），从而将一个全局的概率计算转换成了在二叉树结构上的某特定路径的概率计算。如果将从根节点（root）到节点 v_c 所在的叶节点的（唯一）路径记为 $(b_0, b_1, \cdots, b_T)$（$b_0 = root$，$b_T = v_c$）那么 $G(v \mid v_c; \theta_G)$ 可以被定义为：

$$G(v \mid v_c; \theta_G) = \prod_{i=0}^{T-1} \Pr(b_i \mid v_c) \tag{2-6}$$

其中 $\Pr(b_i \mid v_c)$ 定义为：

$$\Pr(b_i \mid v_c) = \frac{1}{1 + \exp(-b_i^{\mathrm{T}} g_{v_c})} \tag{2-7}$$

$b_i \in \mathbb{R}^d$ 是二叉树中节点 b_i 的表示向量。由于二叉树的深度是 $T = O(\log V)$，因此，和 softmax 相比，hierarchical softmax 将计算 $G(v \mid v_c; \theta_G)$ 的复杂度从 $O(V)$ 降成了 $O(\log V)$。然而，hierarchical softmax 依然没有考虑图的结构信息，因此无法在网络特征学习的应用中取得令人满意的表现。

另外，负采样（negative sampling）[68] 技术也是一种常见的 softmax 的替代。然而，负采样技术只能通过引入负样本来帮助学习节点特征，并不能产生一个合法的概率分布。

2.3 网络结构感知的归一化指数函数

2.3.1 graph softmax 的设计

为了解决前文所述的 softmax 和 hierarchical softmax 的问题，在 GraphGAN 中我们提出一种新的 softmax 的替代，叫作 graph softmax。graph softmax 的核心思想是在生成器 $G(\cdot \mid v_c;\theta_G)$ 中定义一种新的计算连接性概率的方式，并满足如下 3 条性质：

- 是归一化的（normalized）。生成器应该产生一个合法的概率分布，即 $\sum_{v \neq v_c} G(v \mid v_c;\theta_G)=1$。
- 是网络结构感知的（graph-structure-aware）。生成器应该充分利用网络的结构信息去估计真实的连接性分布。直观地说，如果两个节点在图上的最短距离越远，那么它们之间的连接性概率就越小。
- 是高计算效率的（computationally efficient）。和 softmax 不同，$G(v \mid v_c;\theta_G)$ 的计算应该只需要涉及图上的一小部分节点。

graph softmax 的具体定义如下。为了计算连接性分布 $G(\cdot \mid v_c;\theta_G)$，我们首先在原始的图 $\mathcal{G}$ 上从节点 v_c 开始进行宽度优先搜索（Breadth First Search，BFS）。如此，我们可以

得到一棵以 v_c 为根节点的 BFS 树 T_c。给定 T_c，我们记$\mathcal{N}_c(v)$ 为节点 v 在 T_c 上的邻居集合（包括它的父节点和所有的子节点（如果存在的话））。对于一个给定的节点 v 和它的一个邻居 $v_i \in \mathcal{N}_c(v)$，我们定义**相关概率**（relevance probability）为：

$$P_c(v_i \mid v) = \frac{\exp(g_{v_i}^{\mathrm{T}} g_v)}{\sum_{v_j \in \mathcal{N}_c(v)} \exp(g_{v_j}^{\mathrm{T}} g_v)} \tag{2-8}$$

上式事实上就是一个定义在 $\mathcal{N}_c(v)$ 上的 softmax 函数。

为了计算 $G(v \mid v_c;\theta_G)$，注意到在 T_c 上，根节点 v_c 到每个节点 v 都有一条唯一的路径。我们将这条路径记为 $P_{v_c \to v} = (v_{r_0}, v_{r_1}, \cdots, v_{r_m})$，其中 $v_{r_0} = v_c$，$v_{r_m} = v$。那么，在 graph softmax 中我们将 $G(v \mid v_c;\theta_G)$ 的计算定义为：

$$G(v \mid v_c;\theta_G) \triangleq \left(\prod_{j=1}^{m} p_c(v_{r_j} \mid v_{r_{j-1}})\right) \cdot p_c(v_{r_{m-1}} \mid v_{r_m}) \tag{2-9}$$

其中 $p_c(\cdot \mid \cdot)$ 是式(2-8)中定义的相关概率。

2.3.2 性质证明

我们接下来证明 graph softmax 满足上述的 3 条性质，即 graph softmax 是归一化的、网络结构感知的以及高计算效率的。

定理 2.1（归一化） *在 graph softmax 中，$\sum_{v \neq v_c} G(v \mid v_c; \theta_G) = 1$。*

证明 在证明该定理之前，我们首先给出一个命题如下。记 ST_v 为 T_c 上的以 v 为根的子树（$v \neq v_c$），那么我们有

$$\sum_{v_i \in ST_v} G(v_i \mid v_c;\theta_G) = \prod_{j=1}^{m} p_c(v_{r_j} \mid v_{r_{j-1}}) \tag{2-10}$$

其中节点$(v_{r_0}, v_{r_1}, \cdots, v_{r_m})$都在路径 $P_{v_c \to v}$ 上，$v_{r_0} = v_c$，$v_{r_m} = v$。该命题可以通过在 BFS 树 T_c 上的自底向上的数学归纳法证明：

- 对于叶节点 v，我们有 $\sum_{v_i \in ST_v} G(v_i \mid v_c;\theta_G) = G(v \mid v_c;\theta_G) = \prod_{j=1}^{m} p_c(v_{r_j} \mid v_{r_{j-1}}) \cdot p_c(v_{r_{m-1}} \mid v_{r_m}) = \prod_{j=1}^{m} p_c(v_{r_j} \mid v_{r_{j-1}})$。等式的最后一步是因为叶节点 v 只有一个邻居（父节点 $v_{r_{m-1}}$），因此，$p_c(v_{r_{m-1}} \mid v_{r_m}) = p_c(v_{r_{m-1}} \mid v) = 1$。
- 对任意一个非叶节点 v，我们记 $\mathcal{C}_c(v)$ 为 v 在 T_c 上的子节点的集合。由归纳假设可得，每个子节点 $v_k \in \mathcal{C}_c(v)$ 都满足式(2-10)中的性质，因此我们有

$$\begin{aligned}
&\sum_{v_i \in ST_v} G(v_i \mid v_c;\theta_G) \\
&= G(v \mid v_c;\theta_G) + \sum_{v_k \in \mathcal{C}_c(v)} \sum_{v_i \in ST_{v_k}} G(v_i \mid v_c;\theta_G) \\
&= \left(\prod_{j=1}^{m} p_c(v_{r_j} \mid v_{r_{j-1}})\right) \cdot p_c(v_{r_{m-1}} \mid v_{r_m}) + \\
&\quad \sum_{v_k \in \mathcal{C}_c(v)} \left(\left(\prod_{j=1}^{m} p_c(v_{r_j} \mid v_{r_{j-1}})\right) \cdot p_c(v_k \mid v_{r_m})\right) \\
&= \left(\prod_{j=1}^{m} p_c(v_{r_j} \mid v_{r_{j-1}})\right) \cdot \left(p_c(v_{r_{m-1}} \mid v) + \sum_{v_k \in \mathcal{C}_c(v)} p_c(v_k \mid v)\right) \\
&= \prod_{j=1}^{m} p_c(v_{r_j} \mid v_{r_{j-1}})
\end{aligned}$$

至此我们已经证明了式(2-10)。将式(2-10)应用到 v_c 的所有

子节点上，我们有 $\sum_{v\neq v_c} G(v \mid v_c;\theta_G) = \sum_{v_k \in \mathcal{C}_c(v_c)} \sum_{v\in ST_{v_k}} G(v \mid v_c;\theta_G) = \sum_{v_k \in \mathcal{C}_c(v_c)} p_c(v_k \mid v_c) = 1$。 ■

定理 2.2（网络结构感知） 在 graph softmax 中，随着 v 和 v_c 在图 $\mathcal{G}$ 中的最短距离的增加，$G(v \mid v_c;\theta_G)$ 呈指数下降。

证明 根据 graph softmax 的定义，$G(v \mid v_c;\theta_G)$ 是 $m+1$ 项相关概率的乘积，其中 m 是路径 $P_{v_c \to v}$ 的长度。注意到 m 也是 v_c 和 v 在图 $\mathcal{G}$ 上的最短距离（因为 BFS 树 T_c 保留了 v_c 和所有其他节点在原图上的最短距离的信息）。因此，我们可以得出，$G(v \mid v_c;\theta_G)$ 随着 v_c 和 v 在图 $\mathcal{G}$ 上的最短距离的增加而呈指数下降的趋势。 ■

在实验部分我们进行了一项实证研究，用以进一步验证 graph softmax 确实精确刻画了连接性分布的真实变化模式。

定理 2.3（高计算效率） 在 graph softmax 中，$G(v \mid v_c;\theta_G)$ 的计算依赖于 $O(k \log V)$ 个节点，其中 k 是节点的平均度数，V 是图 $\mathcal{G}$ 中的节点总数。

证明 根据式(2-8)和式(2-9)，$G(v \mid v_c;\theta_G)$ 的计算涉及两类节点：路径 $P_{v_c \to v}$ 上的节点，以及直接和该路径相连的节点（即和该路径距离为 1 的节点）。一般而言，路径 $P_{v_c \to v}$ 的最长长度为 $\log V$（BFS 树的深度），且路径上的每个节点平均和 k 个节点相连。因此，计算 $G(v \mid v_c;\theta_G)$ 涉及的所有节点的总数为 $O(k \log V)$。 ■

2.3.3 生成策略

我们接下来讨论生成器 G 的生成策略（或采样策略）。一个可行的方法是对所有的节点 $v \neq v_c$ 都计算出采样概率 $G(v \mid v_c;\theta_G)$ 的值，然后根据该采样概率进行随机采样。这里我们提出一种更为有效的在线生成方法。为了生成一个节点，我们从 T_c 树的根节点 v_c 出发进行随机游走。随机游走的转移概率（transition probability）即为式（2-8）中定义的相关概率。在随机游走的过程中，如果当前访问的节点是 v 且生成器 G 第一次决定接下来访问 v 的父节点（即在随机游走的路径上掉头），那么 v 就是被生成的节点。

算法 2-1 正式地描述了生成器的在线生成策略。我们将当前访问的节点记为 v_{cur}，将之前访问的节点记为 v_{pre}。注意到算法 2-1 会在 $O(\log V)$ 步内终止，因为随机游走的路径最远也会在到达叶节点之后掉头。和 graph softmax 的计算类似，上述的在线生成策略的复杂度也为 $O(k \log V)$，这显著低于离线方法的复杂度 $O(V \cdot k \log V)$。

算法 2-1　生成器的在线生成策略

输入： BFS 树 T_c，特征向量 $\{g_i\}_{i\in\mathcal{V}}$

输出： 生成的样本 v_{gen}

1：$v_{\text{pre}} \leftarrow v_c$，$v_{\text{cur}} \leftarrow v_c$；

2：**while** true **do**

3：　根据式(2-8)中的概率分布 $p_c(v_i \mid v_{\text{cur}})$ 选择 v_i；

```
    if v_i = v_pre then
        v_gen ← v_cur;
        return v_gen
    else
        v_pre ← v_cur, v_cur ← v_i;
    end if
end while
```

图 2-2 给出了一个在线生成策略的图示以及 graph softmax 的计算。在随机游走的每一步，我们从 v_{cur} 的所有邻居中根据式(2-8)定义的相关概率 $p_c(v_i \mid v_{\text{cur}})$ 选择一个蓝色节点 v_i，作为下一步要访问的节点。一旦 v_i 等于 v_{pre}，即该随机游走重新访问了 v_{cur} 的父节点 v_{pre}，那么 v_{cur} 就会被采样出来（标记为图中蓝色条纹的节点）。所有在路径 $P_{v_c \to v_{\text{cur}}}$ 上以及直接和这条路径相连的节点都会根据式(2-4)、式(2-8)和式(2-9)被更新。

2.3.4 复杂度分析

GraphGAN 的整体逻辑如算法 2-2 所示。我们接下来分析 GraphGAN 的时间复杂度。在算法的第 2 行，针对所有节点构造 BFS 树的复杂度是 $O(V(V+E))=O(kV^2)$（因为 BFS 的时间复杂度是 $O(V+E)$[107]）。在每次迭代中，第 5 行和第 6 行的复杂度都是 $O(sV \cdot k \log V \cdot d)$，第 9、第 10 和第 11 行的复杂度分别是 $O(tV \cdot k \log V \cdot d)$、$O(tV \cdot k \log V \cdot d)$ 和 $O(tV \cdot d)$。总体而言，如果我们将 k、s、t 和 d 视为常数，那么 GraphGAN 的每一轮的时间复杂度是 $O(V \log V)$。

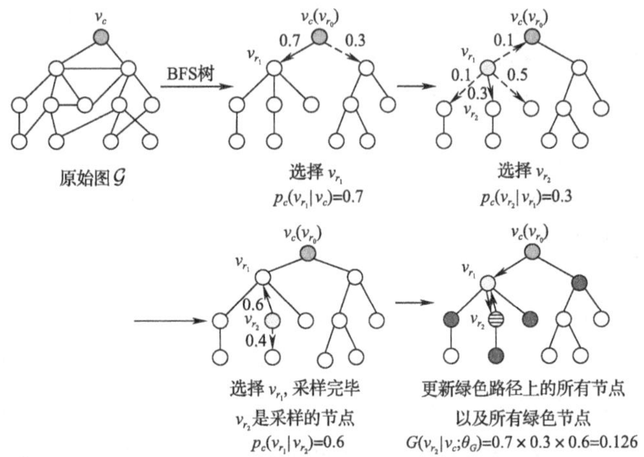

图 2-2　生成器 G 的在线生成策略。蓝色的数字是相关概率 $p_c(v_i \mid v)$，蓝色实线箭头表示 G 选择的随机游走的方向。当该过程完成后，蓝色条纹的节点即为采样出的节点。右下图中所有带颜色的节点的特征都需要被相应地更新（见彩插）

算法 2-2　GraphGAN 算法

输入：特征维度 d，生成样本数量 s，判别样本数量 t

输出：生成器 $G(v \mid v_c;\theta_G)$，判别器 $D(v,v_c;\theta_D)$

```
初始化和预训练 G(v | v_c;θ_G) 与 D(v,v_c;θ_D)；
为每个节点 v_c ∈ 𝒱 构造 BFS 树 T_c；
while GraphGAN 未收敛 do
    for 生成器内循环 do
        根据算法 2-1，G(v | v_c;θ_G) 为每个节点 v_c 生成 s 个节点；
        根据式(2-4)、式(2-8)和式(2-9)更新 θ_G；
    end for
    for 判别器内循环 do
```

从真实值中为每个节点 v_c 抽取 t 个正样本;
从 $G(v \mid v_c;\theta_G)$ 中为每个节点 v_c 抽取 t 个负样本;
根据式(2-2)和式(2-3)更新 θ_D;
end for
end while
return $G(v \mid v_c;\theta_G)$ 和 $D(v,v_c;\theta_D)$

2.4 性能验证

在本节中，我们会在一系列真实数据集上验证 GraphGAN 的性能[1]。具体而言，我们选择了 5 个应用场景：网络重构、连接预测、节点分类、推荐系统和可视化。

2.4.1 实验准备工作

我们在实验中使用以下 5 个数据集：

- arXiv-AstroPh[2]来自电子预印版本 arXiv，其包含了天文物理学领域的作者之间的学术合作关系。在该网络中，节点代表作者，边代表共同作者关系。这个网络包含 18 772 个节点和 198 110 条边。
- arXiv-GrQc[3]也来自 arXiv，其包含了广义相对论和量

[1] 代码地址：https://github.com/hwwang55/GraphGAN。
[2] https://snap.stanford.edu/data/ca-AstroPh.html。
[3] https://snap.stanford.edu/data/ca-GrQc.html。

子宇宙论领域的作者之间的学术合作关系。该网络包含 5 242 个节点和 14 496 条边。

- BlogCatalog㊀是一个 BlogCatalog 网站上博主之间的社交关系。节点的标签代表博主的个人兴趣。该网络包含 10 312 个节点、333 982 条边，以及 39 种不同的标签。
- Wikipedia㊁是一个英文 Wikipedia 网站上的词语的共现（co-occurrence）网络。标签代表词语的词性（Part-of-Speech，POS）。该网络包含 4 777 个节点、184 812 条边，以及 40 种不同的标签。
- MovieLens-1M㊂是一个包含了 MovieLens 网站上的 6 040 个用户、3 706 部电影以及约 100 万条边（评分）的二分图。

我们将以下 5 种有代表性的网络特征学习方法作为基准方法：

- DeepWalk[92] 使用随机游走和 Skip-Gram 模型学习节点的表示。
- LINE[76] 保存了图中节点之间的一阶和二阶邻近关系。
- node2vec[77] 是 DeepWalk 的变形，它设计了一种有偏

㊀ http://socialcomputing.asu.edu/datasets/BlogCatalog。
㊁ http://www.mattmahoney.net/dc/textdata。
㊂ https://grouplens.org/datasets/movielens/1m/。

的随机游走来学习节点的表示。

- SDNE[94] 使用了深度自动编码机来刻画网络的全局结构和局部结构。
- struc2vec[108] 刻画了网络中节点的结构相似性。

我们用随机梯度下降法来更新 GraphGAN 的参数，学习率（learning rate）为 0.001。在每轮迭代中，我们设 s 等于 20，t 等于每个节点在测试集中的正样本数量。G-steps 和 D-steps 都是 30 次。为了公平比较，所有模型的表征维度都是 128，最后用来评测的表征是 g_i。对于 DeepWalk、node2vec 和 struc2vec，窗口大小设置为 10，随机游走的长度设置为 80，每个节点的游走数量设置为 10。另外，在 node2vec 中 $p=0.25$，$q=4.0$。对于 LINE，负样本的个数为 5，总训练样本个数为 100 亿。其他超参数设置为默认值。以上超参数由交叉验证（cross validation）决定。

2.4.2 实证研究

我们进行了一项实证研究去揭示网络中的连接性分布的真实变化模式。具体而言，对于一对给定的节点，我们希望知道它们之间存在边的概率随着它们在网络中的最短距离的变化是如何变化的。为此，我们首先分别从 arXiv-AstroPh 和 arXiv-GrQc 数据集中随机采样了 100 万对节点。对于每一对节点，我们移除了它们之间的边（如果存在的话），然后计算它们之间的最短距离。我们分组计算了每个最短距离情形中有边的概率，结果如图 2-3 所示。显然，一对节点之间有边的概率随着它们最短距离的增加而迅速下降。我们也在图 2-3 中画出了对数概率曲线，其表现出线性下降的趋势（R^2 值分别为 0.831 和 0.710）。以上发现经验性地表明，两点之间有边的概率随着它们最短距离的增加而呈指数下降的趋势。这也有力地证明了 graph softmax 确实抓住了真实网络的本质（见定理 2.2）。

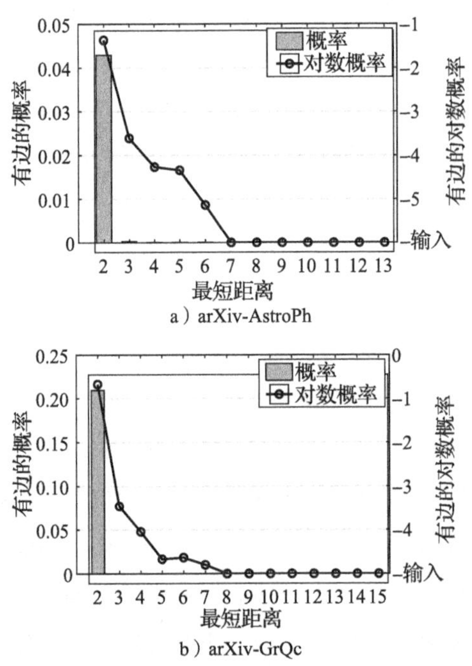

图 2-3 给定一对节点，它们之间有边的概率和它们的最短距离的关系

2.4.3 实验结果

2.4.3.1 网络重构

在验证 GraphGAN 在真实应用场景下的表现之前，我们首先进行网络重构的实验来验证 GraphGAN 中学习到的节点表示能否保留原网络中的结构信息。具体来说，我们首先使用完整的网络来训练 GraphGAN 和基准方法，得到所有节点的表示向量。然后我们将所有 $V(V-1)/2$ 对节点按照它们的表示向量的内积大小进行降序排序，并选择前 K 对节点当作重构网络的边。因为原网络中的边是已知的，所以我们可以用 top-K 的 Precision 和 Recall 指标来验证网络重构的性能[⊖]。我们使用 arXiv-AstroPh 和 arXiv-GrQc 作为数据集，结果如图 2-4 所示。

从图 2-4 中我们可以看出，相比于所有基准方法，GraphGAN 取得了最好的表现。这表明 GraphGAN 具有很强的学习能力，可以很好地保留原图中的结构信息。我们的解释是相比于单模型的基准方法而言的，GraphGAN 中的对抗训练赋予了 GraphGAN 非常强的灵活性。我们也注意到 DeepWalk 是一个非常有竞争力的基准方法，它甚至在 K 较小的时

⊖ 我们也考察了逐节点的网络重构的性能，即为每个节点选择最可能和它有边的 K 个节点来重构网络。由于结果类似，我们没有在此展示这种情况的结果。

候超越了 GraphGAN 的表现。然而另一个基于随机游走的方法 node2vec 在该任务上表现较差。这可能是因为控制有偏随机游走的参数 p 和 q 很难达到最优。

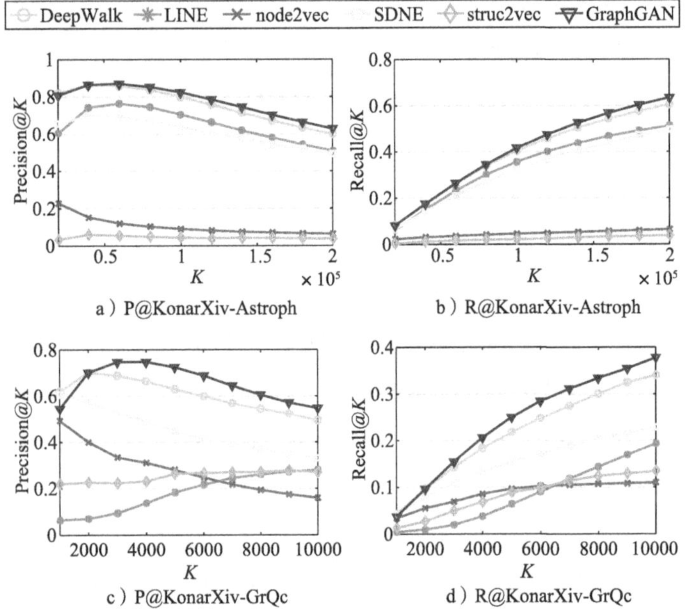

图 2-4　网络重构任务中 arXiv-Astroph 和 arXiv-GrQc 数据集上 Precision@K 与 Recall@K 指标的结果

2.4.3.2　连接预测

在连接预测的任务中，我们的目标是预测两个给定的节点之间是否有边。因此，这个任务展现了不同的网络特征学习方法的边预测能力。我们随机移除了原网络中 10%的边作为测试集合，然后使用剩下的网络来训练模型。训练结束后，我们得到了每个节点的特征，然后我们使用逻辑斯蒂回归模型来预测一对给定节点之间有边的概率。测试集合包含了隐藏的10%的节点对（正样本）和随机选择的、等量的、在原网络中不相连的节点对（负样本）。我们针对不同的特征维度 d 都进行了实验，在数据集 arXiv-AstroPh 和 arXiv-GrQc 上的 AUC 指标的结果如表 2-1 所示。我们有如下观察结果：

1）一般而言，所有方法的 AUC 指标都会随着特征维度 d 的上升而上升。这是因为一个更大的特征维度可以保留原图更多的信息。但我们也观察到了一些方法（比如 LINE 和 struc2vec）在 d 很大的时候出现了性能下降，这是因为过拟合（over-fitting）的缘故。

2）struc2vec 在连接预测中的表现相对较差，因为它无法很好地抓住网络中的边的信息。

3）DeepWalk 依然是最具竞争力的基准方法。另外，LINE 也取得了很好的表现。这些结果证明了 DeepWalk 和 LINE 具有较强的泛化（generalization）能力。

4）GraphGAN 在大部分情况下都是表现最好的方法。例如，当 $d = 100$ 时，GraphGAN 在 arXiv-AstroPh 和 arXiv-GrQc 数据集上将 AUC 指标分别提升了 0.5%至 56.5%和 0.8%至 43.8%。

表 2-1　连接预测任务中 arXiv-AstroPh 和 arXiv-GrQc 数据集上的 AUC 指标的结果（d 是特征的维度）

模型	arXiv-AstroPh				
	$d=10$	$d=20$	$d=50$	$d=100$	$d=200$
DeepWalk	**0.847**	**0.880**	0.903	0.912	0.915
LINE	0.812	0.836	0.920	0.926	0.920
node2vec	0.716	0.771	0.816	0.833	0.837
SDNE	0.723	0.741	0.830	0.858	0.865
struc2vec	0.577	0.591	0.593	0.595	0.585
GraphGAN	0.844	0.873	**0.925**	**0.931**	**0.935**
模型	arXiv-GrQc				
	$d=10$	$d=20$	$d=50$	$d=100$	$d=200$
DeepWalk	0.798	0.816	0.835	0.849	0.850
LINE	0.837	0.845	**0.850**	0.839	0.822
node2vec	0.656	0.716	0.760	0.783	0.787
SDNE	0.687	0.728	0.725	0.752	0.718
struc2vec	0.589	0.591	0.594	0.600	0.598
GraphGAN	**0.849**	**0.851**	0.847	**0.856**	**0.860**

2.4.3.3　节点分类

在节点分类中，每个节点都有一个或多个标签。当我们观察到图中一部分节点及其标签后，我们希望预测剩余节点的标签。因此，节点预测的性能可以揭示不同模型对节点的区分能力。在节点分类的实验中，我们在完整的网络上训练 GraphGAN 和基准方法并得到节点表示，然后我们使用逻辑斯蒂回归模型作为分类器来进行节点分类。输入分类器的特征是节点的表示向量，标签由节点自己携带。我们将训练集和测试集按照 9：1 划分，然后将训练集的百分比 r 从 100%降至 20%来观察性能的变化。我们使用 BlogCatalog 和 Wikipedia 作为数据集。

节点分类的 Micro-F1 指标结果如表 2-2 所示。我们可以看出，GraphGAN 几乎在所有情况下都超越了所有的基准方法。例如，当 $r=100\%$时，GraphGAN 在两个数据集上分别取得了 1. 2%到 180. 0%以及 1. 3%到 30. 1%的提高。这表明尽管 GraphGAN 的设计是出于直接优化连接性分布，但是它依然能有效地融合节点本身的信息。而且，在训练集很小的时候，GraphGAN 依然能保持很好的表现，这也证明了 GraphGAN 具有很强的泛化能力。

表 2-2 节点分类任务中 BlogCatalog 和 Wikipedia 数据集上的 Micro-F1 指标的结果（r 是用于训练逻辑斯蒂回归分类器的训练集的百分比）

模型	BlogCatalog				
	$r=100\%$	$r=80\%$	$r=60\%$	$r=40\%$	$r=20\%$
DeepWalk	0. 386	0. 389	0. 378	0. 356	0. 307
LINE	0. 374	0. 370	0. 358	0. 323	0. 258
node2vec	0. 415	0. 410	0. 401	0. 384	0. 339
SDNE	0. 343	0. 352	0. 342	0. 322	0. 279
struc2vec	0. 150	0. 152	0. 138	0. 128	0. 109
GraphGAN	**0. 420**	**0. 419**	**0. 409**	**0. 390**	**0. 351**

（续）

模型	Wikipedia				
	$r=100\%$	$r=80\%$	$r=60\%$	$r=40\%$	$r=20\%$
DeepWalk	0.532	0.521	0.496	0.462	0.391
LINE	0.547	0.544	**0.521**	0.482	0.422
node2vec	0.483	0.493	0.481	0.446	0.408
SDNE	0.484	0.486	0.481	0.455	0.394
struc2vec	0.426	0.424	0.396	0.383	0.335
GraphGAN	**0.554**	**0.545**	0.518	**0.490**	**0.447**

2.4.3.4 推荐系统

我们使用 Movielens-1M 作为推荐系统任务的数据集。对于每个用户，我们为他推荐一个他没有看过但是有可能会喜欢的电影的集合。我们首先提取所有 4 星和 5 星的评分作为边，这样便获得了一个二分交互图。然后，我们随机移除了原图 10%的边作为测试集，并为每个用户构造了 BFS 树。注意到在之前的应用场景中，给定一个节点，连接性概率是分布在所有其他节点上的。然而在推荐系统场景中，给定一个用户，连接性概率只分布在一部分节点上，即所有的电影。因此，在 BFS 树中我们将所有的用户节点进行“短路”（根节点除外），也就是说，如果两个电影节点至少有一个公共的用户节点邻居，那么我们将这两个电影节点直接相连。在训练结束后，我们得到了所有用户和电影的特征。我们为每个用户推荐了 K 部得分（内积）最高的他没有看过的电影。

推荐系统任务中的 Precision@K 和 Recall@K 指标如

图 2-5 所示。从中我们可以看出，GraphGAN 始终在所有基准方法之上。以 Precision@ 20 为例，GraphGAN 相对于 DeepWalk、LINE、node2vec 和 struc2vec 分别提高了 38.56%、59.60%、124.95%和 156.85%。因此，我们可以推断 GraphGAN 相比于其他网络特征学习方法可以在基于排序的任务中取得更好的表现。

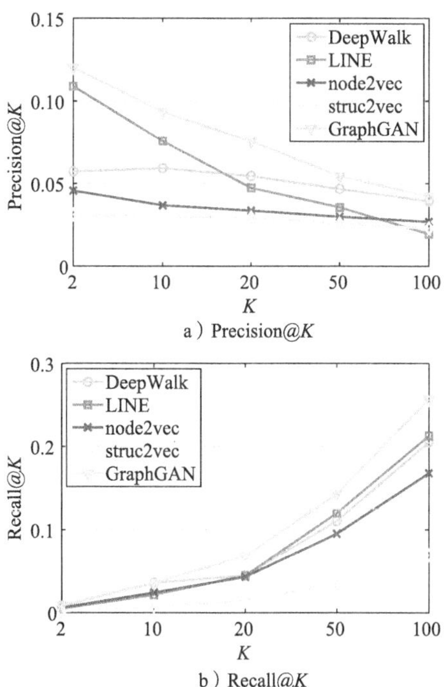

a）Precision@K

b）Recall@K

图 2-5 推荐系统任务中 MovieLens-1M 数据集上的 Precision@K 和 Recall@K 指标的结果

2.4.3.5 可视化

网络特征学习方法的另一个重要的应用是将一个网络进行可视化。我们选择巴西航空交通网络[⊖]作为可视化的数据集，其中每个节点代表一个机场，且按照其活跃程度被分为3类。我们使用不同的方法得到节点的特征，然后使用t-SNE[109] 将每个机场映射到一个二维空间。不同种类的机场被标记了不同的颜色。因此，一个好的可视化结果应该是相同种类的节点相聚更近。

可视化的结果如图2-6所示。我们可以看出DeepWalk和LINE的结果较差，它们的可视化结果中不同种类的点混杂在一起。struc2vec的结果要清晰很多，我们从中可以观察出同色的点大致形成了聚类的结构，但是聚类的边界依然不是很清晰。相比之下，GraphGAN对不同种类的点有着清楚的划分。另外，可视化结果中的“线性”结构也似乎表明Graph-GAN抓住了原始高维数据中的某种流形的性质。

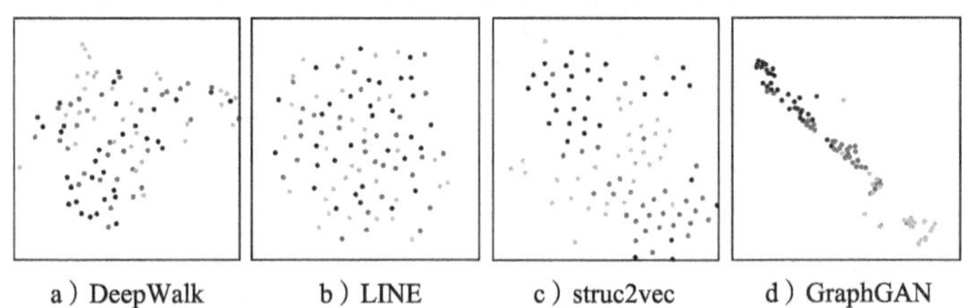

a）DeepWalk　b）LINE　c）struc2vec　d）GraphGAN

图2-6　巴西航空交通网络的可视化结果。每个节点代表一个机场。节点的颜色表示机场的类别（见彩插）

⊖ https://github.com/leoribeiro/struc2vec/tree/master/graph。

2.4.3.6 与自身变种方法的比较

为了验证 graph softmax 的性能，在 GraphGAN 中我们将 graph softmax 替换为 hierarchical softmax 和 softmax，并将这两个变种与原始的 GraphGAN 进行比较。网络重构、连接预测和节点分类的结果分别如表 2-3、表 2-4 和表 2-5 所示。从表 2-3 中我们可以看出 graph softmax 在 Precision@K 指标上的表现基本优于 hierarchical softmax 和 softmax，特别是当 K 较大的时候。然后我们确实观察到当 K 较小时，hierarchical softmax 超过了 graph softmax。这是因为 hierarchical softmax 中的二叉树的构造通常依赖于哈弗曼编码（Huffman coding），这可以被视为粗糙地使用了原图的结构信息。另外，从表 2-4 和 2-5 中我们可以看出 graph softmax 在另外两个应用场景中也优于两个 softmax 变种。以上结果表明，在 GraphGAN 中精巧地使用网络结构信息可以有效地提高学习和泛化能力。

表 2-3 网络重构任务中与 GraphGAN 变种方法的比较（指标为 Precision@K）

变种	arXiv-AstroPh				
	P@20000	P@40000	P@60000	P@80000	P@100000
graph softmax	0.807	**0.865**	**0.870**	**0.853**	**0.824**
h-softmax	**0.827**	0.860	0.849	0.817	0.774
softmax	0.806	0.861	0.862	0.839	0.803
变种	arXiv-GrQc				
	P@1000	P@2000	P@3000	P@4000	P@5000
graph softmax	0.613	**0.701**	**0.748**	**0.747**	**0.724**
h-softmax	**0.620**	0.699	0.683	0.659	0.627
softmax	0.605	0.696	0.683	0.661	0.626

表 2-4 连接预测任务中与 GraphGAN 变种方法的比较（指标为 AUC）

变种	arXiv-AstroPh	arXiv-GrQc
graph softmax	**0.856**	**0.941**
h-softmax	0.847	0.933
softmax	0.820	0.932

表 2-5 节点分类任务中与 GraphGAN 变种方法的比较（指标为 Micro-F1）

变种	BlogCatalog	Wikipedia
graph softmax	**0.420**	**0.554**
h-softmax	0.416	0.541
softmax	0.418	0.542

2.4.4 超参数敏感性

GraphGAN 中的关键参数是特征的维度，以及生成器和判别器在一轮中的训练频率（即算法 2-2 中 G-steps 和 D-steps 的数值）。我们已经在表 2-1 中给出了特征的维度 d 对于 GraphGAN 性能的影响。在本小节中，我们研究生成器和判别器的训练频率的选择。为了直观地展示这两个训练参数对于学习过程的影响，我们选择 arXiv-AstroPh 数据集上的连接预测任务，并在图 2-7 中画出了生成器和判别器在不同训练频率设置下的学习曲线。我们选择了 4 个 G-steps 和 D-steps 的组合：（10 G-steps，50 D-steps）、（20 G-steps，40 D-steps）、（30 G-steps，30 D-steps）和（50 G-steps，10 D-steps）。从图 2-7 中我们可以看出生成器和判别器的学习曲线的大致趋势是相似的：判别器降到了一个随机猜测（即 AUC 等于 0.5 左右）的水平，而生成器收敛后达到的 AUC 比判别器要高。然而，在不同参数设置下的学习曲线的差异显得更加有趣：当 D-steps 的数值远比 G-steps 高时（例如图 2-7a），判别器性能的退化会更加平缓，而生成器的表现相对也要差一些。相反地，如果 D-steps 的数值远小于 G-steps（例如图 2-7d），判别器性能的退化会更快，而生成器的平均表现却会更好一些（尽管图 2-7d 中的生成器的峰值性能依然低于图 2-7c 中的生成器）。这样的结果表明，和其他领域中的 GAN 相似，生成

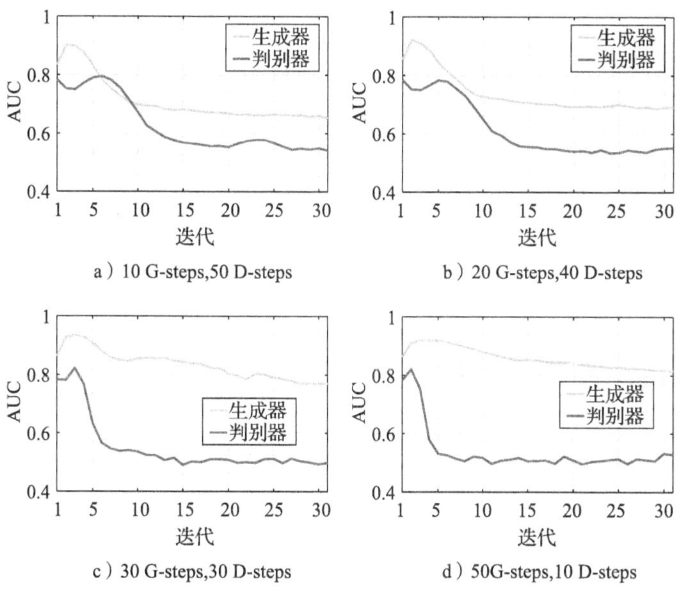

图 2-7 连接预测任务中生成器和判别器在不同训练频率下的学习曲线

器和判别器的训练频率会很大程度上影响学习过程和最终的博弈均衡。事实上，GraphGAN 的真实训练情况会更加复杂，因为学习率、生成样本数量 s 和判别样本数量 t 都可能会影响 GraphGAN 最终达到的均衡。GraphGAN 的学习稳定性的理论和实证研究有待后续工作进一步研究。

2.5 本章小结

本章研究了应用于推荐系统交互图的网络特征学习方法。我们提出了 GraphGAN 框架，并通过在一个极大极小游戏中的对抗训练来联合统一网络特征学习中的两类方法，即生成式模型和判别式模型。在 GraphGAN 的框架中，生成器和判别器会相互学习：生成器收到来自判别器的信号，并以此为指导提高自己的生成表现；判别器受到生成器生成的高质量样本的驱使，会试图更好地学会区分真实样本和生成样本。另外，我们提出了将 graph softmax 作为生成器的实现。graph softmax 解决了传统 softmax 的固有局限，具有归一化、网络结构感知和高计算效率的特点。我们在多个应用场景和真实数据集上进行了大量的实验，实验结果表明 GraphGAN 的性能显著优于最新的基准方法。这些归因于 GraphGAN 的对抗训练框架和 graph softmax 的设计。

第 3 章

社交网络辅助的推荐系统——基于特征的方法

3.1 引言

在第 2 章中我们研究了直接应用于推荐系统交互图的网络特征学习方法。事实上，除了推荐系统交互图的网络之外，在很多推荐场景中，用户端都会存在一个在线社交网络。例如，在微博投票推荐场景中，用户之间存在关注/被关注的关系；在电影推荐场景中，豆瓣用户之间存在着好友的关系。在众多社交应用中，群组也是一种重要的社交关系。根据**同质性**（homophily）假设，两个在社交网络中关系紧密的用户的偏好也很可能会相似。因此，使用社交网络的信息来辅助推荐算法有重要的实际意义。在本章和第 4 章中，我们研究社交网络辅助的推荐系统。本章将关注于基于特征的方法，第 4 章将研究基于结构的方法。

本章将以社交网络上的情感正负的预测为例，阐述将社交网络与推荐系统结合的基于特征的方法。过去的数十年我们见证了在线社交网络的繁荣，如 Facebook、Twitter、微博等。在这些社交网站上，用户经常分享他们对他人（例如朋友、电影明星、政治家等）的情感和态度，这就形成了所谓的**情感连接**（sentiment links）。和显式的社交连接不同，情感连接隐含在用户发表的内容之中，且包含了不同的种类：正面的情感连接表达了诸如喜欢、信任或支持的态度，负面的情感连接则表达了厌恶或反对的观点。例如，一条形如“Vote Trump!”的推文表达了发文者对于 Donald Trump 的正向情感，而“Trump is mad…”则表达了相反的情感。

对于一条给定的情感连接，我们根据其相关的文本内容表达的情感的正负，相应地定义了该情感连接的正负[110]。所有的情感连接组合在一起，就形成了一个**情感网络**（sentiment network）。现有的工作[111-113]大多关注于基于文本内容进行情感分类。然而，它们无法做到在没有给定任何文本内容的情况下对情感连接的正负进行判断，这极大地限制了它们可能找到的情感连接的数量。例如，如果一个用户从未发表过任何关于 Trump 的言论，那么传统的情感分类器也只能是“巧妇难为无米之炊”，无从得知该用户对 Trump 的态度。因此，一个关键的问题在于，我们能否在没有观测到有关文本内容的情况下，对一条给定的情感连接进行正负号的预测呢？这个问题的解决方案会有利于很多应用场景，例如个性化广告投放、好友推荐、在线舆情分析、在线民意调查等。

虽然无文本的情感连接预测问题很重要，但是现有的工作鲜有涉及。这里的挑战是两方面的：①情感连接的正负标签很难获取，这让后续工作变得非常困难；②情感产生过程的复杂性和情感连接的稀疏性让算法很难有好的表现。最近，有一些工作[110,114-116] 试图解决预测有符号边的问题，但是它们都严重依赖于手工定义的特征，无法胜任真实场景。另一类网络特征学习的方法[76,77,92,94] 可以自动从网络中学习特征，但是它们都只适用于无符号的（unsigned）、同构的（homogeneous）网络，这限制了它们在情感连接预测中的应用。

基于以上事实，本章中我们研究无文本内容的情感连接预测。本章的主要工作分为两部分。

第一，由于缺少有标签数据，我们从微博中构建了一个有标签的情感数据集。我们使用了实体层级（entity-level）的情感抽取方法来计算每条微博中用户对于所提及名人（celebrity）的情感。为了解决稀疏性问题，我们收集了两种辅助信息：用户的社交网络，以及用户和名人的画像知识。辅助信息的使用是受到了文献［96］和文献［117］的启发，其中文献［96］表明社交网络的结构信息可以很大程度上影响用户对在线物品的喜好，而文献［117］表明相关知识可以有效地提高推荐效果。如此，我们便构造了一个异构信息网络，如图 3-1 所示。

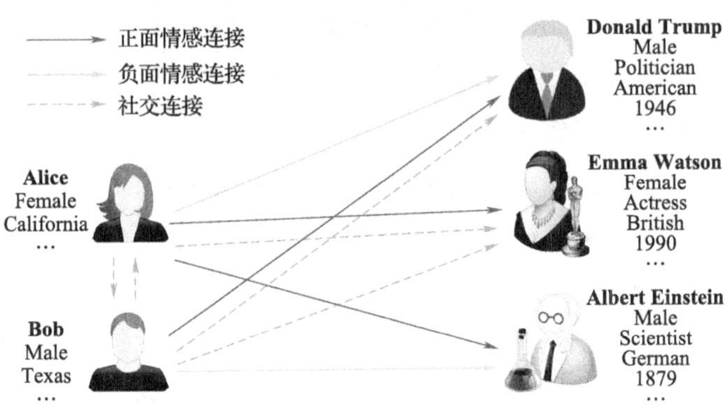

图 3-1　包含情感、社交关系和用户画像的异构网络

第二，为了挖掘更多的情感连接，我们提出了一种端到端（end-to-end）的*有符号异构网络特征学习方法*（Signed Heterogeneous Information Network Embedding，SHINE）。和现有的网络特征学习方法不同，SHINE 可以从有符号异构网络中学习用户特征和预测情感符号。具体来说，SHINE 使用了多个深度自编码机[118] 来从情感网络、社交网络和画像网络中提取用户的高度非线性特征。学习到的 3 种特征随后被特定的聚合函数融合，用于下一步的情感预测。

我们在两个真实数据集上进行了大量的实验。实验结果表明 SHINE 的效果相比于基准方法取得了明显的提升。具体来说，相比于基准方法，SHINE 在连接预测任务中提升了 8.8%到 16.8%的 Accuracy，并且在正向节点推荐任务中提升了 17.2%到 219.4%的 Recall@ 100。实验结果也表明 SHINE

可以有效地利用辅助信息，以及在冷启动问题中依然保持良好的性能。

3.2 数据集构建

◆ **微博文本**

我们选择微博[㊀]作为本章工作中研究的社交网络。微博是国内最流行的社交网络之一。我们收集了 2009 年 8 月 14 日到 2014 年 5 月 23 日之间的 29.9 亿条微博作为原始数据集。为了筛选出含有针对名人情感的微博，我们首先使用了一个流行的中文分词工具 Jieba[㊁]对每条微博中的每个词汇进行词性标注。然后我们构建了一个名人数据库（在下文详述），并筛选出那些含有词性为“person name”且出现在名人数据库中的单词的微博。对于每一条筛选之后的微博，我们计算了它对提到的名人的情感的分值（-1 到+1），然后选择了那些分值的绝对值较高的微博。最终的数据集包含一系列三元组（a,b,s），其中 a 是发微博的用户，b 是微博中提到的名人，$s\in\{+1;-1\}$ 是用户 a 对名人 b 的情感分值。由于计算情感分值的方法与本章主题不甚相关，我们这里不对此做过多的介绍。读者可以参考原始文献［1］的

㊀ http://weibo.com。

㊁ https://github.com/fxsjy/jieba。

3.2 节。

◆ 社交关系

我们也收集了微博用户之间的社交关系。这一部分包含一系列的二元组（a,b），其中 a 是关注者（follower），b 是被关注者（followee）。

◆ 普通用户画像

普通用户的画像来自微博。对于每个普通用户，我们提取了他的两个属性——性别和地理位置，作为他的画像信息。属性值被表示成了 one-hot 向量（即向量中只有一个值为 1，其余都为 0）。

◆ 名人画像

我们使用微软的 Satori[㊀]知识图谱来提取名人的画像。首先，我们遍历了一遍知识图谱，筛选出分类属于“人”的实体（`type.object.type=="person"`）。我们过滤了在知识图谱中编辑频率（edit frequency）较低和在微博中出现频率较低的名人。随后，对于每个剩下的名人，我们选择了 9 个属性作为他的画像信息：出生地、生日、民族、国籍、职业、性别、身高、体重、星座。其中的连续属性值都被离散化处理，以保证每个属性值都可以表示成 one-hot 向量。为了简单处理，我们移除了同名的名人和其他噪声。最终数据集的统计信息如表 3-1 所示。

㊀ http://searchengineland.com/library/bing/bing-satori。

表 3-1 微博情感数据集的统计信息。"celebrities v."的意思是在微博上拥有认证账号的名人

#users	12 814	#social links	71 268
#celebrities	1 723	#tweets	126 380
#celebrities v.	706	#pos. tweets	108 906
#ordinary users	11 091	#neg. tweets	17 474

3.3 有符号异构网络特征学习

3.3.1 情感符号预测的问题描述

本节中我们形式化地描述异构信息网络中的情感连接预测问题。为了更好地描述，我们将原始的异构网络拆分成3个同构网络：

- 情感网络。情感网络是一个有向有符号网络，记为 $G_s=(V,S)$，其中 $V=\{1,\cdots,|V|\}$ 表示用户集合（包括普通用户和名人），$S=\{s_{ij}|i\in V, j\in V\}$ 表示用户之间的情感连接。每个 s_{ij} 可以取值为+1、-1或0，分别表示用户 i 对 j 持有正面、负面或未观测到的情感。
- 社交网络。社交网络是一个有向无符号网络，记为 $G_r=(V,R)$，其中 $R=\{r_{ij}|i\in V, j\in V\}$ 代表用户之间的社交连接。每个 r_{ij} 可取值为1或0，表示用户 i 有

没有在社交网络中关注用户 j。

- 画像网络。我们将 $\mathcal{A}=\{A_1,\cdots,A_{|\mathcal{A}|}\}$ 记为用户属性的集合，将 $a_{kl}\in A_k$ 记为属性 A_k 的第 l 个可取的属性值。我们对所有属性的可取属性值取并集，并重新编号为 $U=\cup A_k=\{a_j\mid j=1,\cdots,\sum_k|A_k|\}$。那么，画像网络就是一个无向无符号的二分图，记为 $G_p=(V,U,P)$，其中 $P=\{p_{ij}\mid i\in V,\ a_j\in U\}$ 表示用户和属性值之间的连接。每个 p_{ij} 可以取值为 1 或 0，表示用户 i 是否拥有属性值 j。

3 种网络如图 3-2 所示。

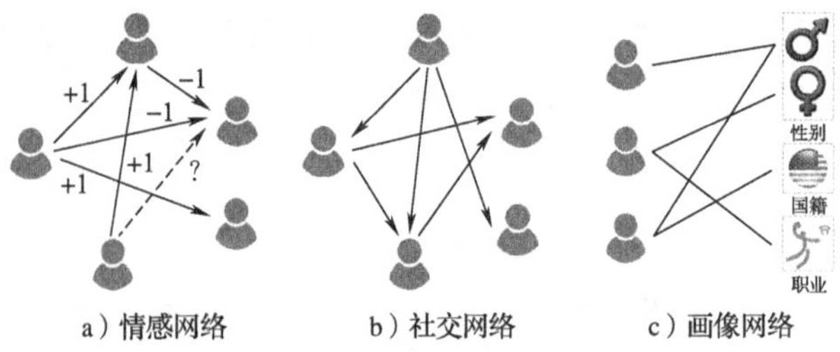

图 3-2　情感连接预测中的 3 种网络

◆ 情感连接预测

我们将异构网络中的情感连接预测问题定义如下：给定情感网络 G_s、社交网络 G_r 和画像网络 G_p，我们的目标是预测 G_s 中用户间未观测到的情感连接的正负。

3.3.2 有符号异构网络特征学习模型

SHINE 模型的整体框架如图 3-3 所示。整体而言，该框架包含 3 个主要部分：情感提取和异构网络构建（靠左部分）、用户特征提取（中间部分），以及特征聚合和情感预测（靠右部分）。对于每一条提到特定名人的微博，我们首先计算相关的情感分值（见 3.2 节）。我们随后设计了 3 个不同的自编码机，从用户的原始稀疏的基于邻居的特征中抽取更稠密的向量表示，并将 3 种向量表示聚合起来，得到最终的异构表示。最后，我们可以通过应用特定的相似度计算函数（例如内积）来计算两个异构表示的相似度，从而得到预测的情感正负值。我们接下来会详细讨论 SHINE 模型的各个部分。

3.3.2.1 情感网络特征学习

给定情感网络 $G_s=(V,S)$，对于每个用户 $i\in V$，我们定义他的情感邻接向量为 $x_i=\{s_{ij}\mid j\in V\}\cup\{s_{ji}\mid j\in V\}$。$x_i$ 完全刻画了用户 i 的全局情感信息。然而，将 x_i 直接作为用户 i 的情感表示向量是不现实的，因为邻接向量对于后续的处理而言太过冗长和稀疏。近年来，一系列的网络特征学习工作[76,77,92,94] 都试图为网络中的每个节点学习得到一个低维表示向量，并在表示向量中保留网络结构的信息。在这些模型中，深度自编码机被证明是最优秀的解决方案之一，因为

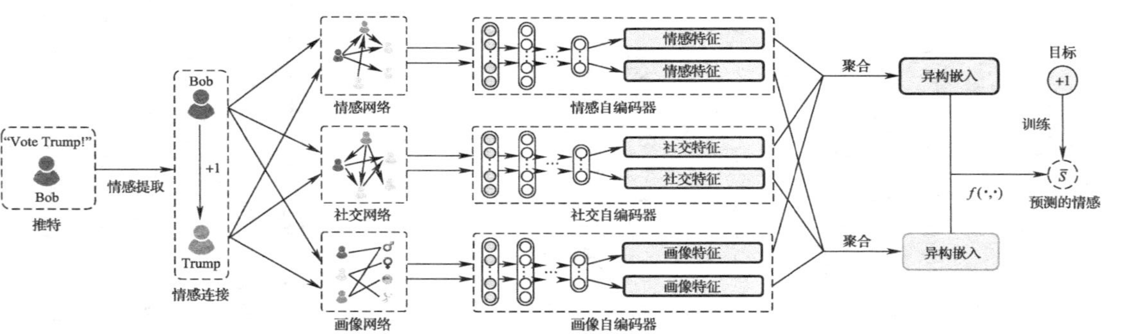

图 3-3 SHINE 模型的整体框架。为了更清晰地展示模型，我们只画出了所有 3 个自编码机的编码器部分，省去了解码器部分

它可以刻画网络结构的高度非线性的特征[94]。一般而言，自编码机[118] 是一种无监督的神经网络编码模型。自编码机包含编码器和解码器两部分，两者都包含了多个非线性神经网络层，分别用于将输入数据映射到表征空间和将表征空间中的特征重构为原始输入。SHINE 模型使用自编码机来进行用户的特征学习。

图 3-4 展示了一个用于情感特征网络学习的自编码机。如图 3-4 所示，该自编码机通过多层非线性变换将每个用户映射到一个低维隐含向量空间，然后从隐含空间中恢复原始输入。给定输入 x_i，自编码机的每层特征表示为

$$x_i^k = \sigma(W_s^k x_i^{k-1} + b_s^k), \quad k = 1,2,\cdots,K_s \tag{3-1}$$

其中 W_s^k 和 b_s^k 分别是情感自编码机的第 k 层的权值和偏置参数，$\sigma(\cdot)$ 是非线性变换函数，K_s 是情感自编码机的层数，$x_i^0 = x_i$。为了简便，我们记 $x_i' = x_i^{K_s}$ 为 x_i 的重构结果。

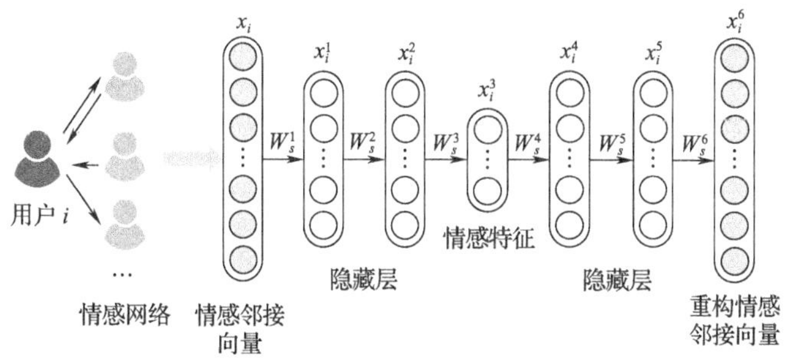

图 3-4　一个用于情感网络特征学习的 6 层自编码机

自编码机的基本目的是要最小化输入和输出特征之间的重构误差。和文献［94］类似，在SHINE模型中，情感自编码机的重构损失项被定义为

$$\mathcal{L}_s = \sum_{i \in V} \| (x_i - x_i') \odot l_i \|_2^2 \tag{3-2}$$

其中$\odot$表示Hadamard乘积，$l_i = (l_{i,1}, l_{i,2}, \cdots, l_{i,2|V|})$ 是情感重构的权值向量：

$$l_{i,j} = \begin{cases} \alpha > 1, & \text{如果} \quad s_{ij} = \pm 1; \\ 1, & \text{如果} \quad s_{ij} = 0 \end{cases} \tag{3-3}$$

上述损失项的含义在于，我们对输入x_i中的非零项的重构误差施加了更多的惩罚，因为非零的s_{ij}要比零项s_{ij}携带了更多的显式情感信息。注意到用户i的情感特征可以从情感自编码机的第$K_s/2$层得到，为了简便，我们将$\hat{x}_i = x_i^{K_s/2}$记为用户i的情感特征。

3.3.2.2 社交网络特征学习

和上述的情感自编码机类似，我们也使用自编码机从社交网络中提取用户特征。给定社交网络$G_r = (V, R)$，对于每个用户$i \in V$，我们将其社交邻接向量定义为$y_i = \{r_{ij} \mid j \in V\} \cup \{r_{ji} \mid j \in V\}$。社交邻接向量充分包含了用户$i$在社交网络中的结构信息。在社交自编码机中，每一层的隐含向量表示为

$$y_i^k = \sigma(W_r^k y_i^{k-1} + b_r^k), \quad k = 1, 2, \cdots, K_r \tag{3-4}$$

其中记号的含义和式(3-2)类似。我们也将$y'_i = y_i^{K_r}$记为y_i的

重构项。类似地，社交自编码机的重构损失项为

$$\mathcal{L}_r = \sum_{i \in V} \| (y_i - y'_i) \odot m_i \|_2^2 \tag{3-5}$$

其中 $m_i=(m_{i,1},m_{i,2},\cdots,m_{i,2|V|})$ 是社交重构的权值向量：如果 $r_{ij}=1$，那么 $m_{i,j}=\alpha>1$；否则 $m_{i,j}=1$。用户 i 的社交特征被记为 $\hat{y}_i=y_i^{K_r/2}$。

3.3.2.3 画像网络特征学习

画像网络 $G_p=(V,U,P)$ 是一个无向的二分图，包含了用户和属性值这两个不相交的集合。对每个用户 $i\in V$，它的画像邻接向量被定义为 $z_i=\{p_{ij} \mid j\in U\}$。那么，用户 i 在画像自编码机的每一层的隐含表示为

$$z_i^k = \sigma(W_p^k z_i^{k-1} + b_p^k),\ k = 1,2,\cdots,K_p \tag{3-6}$$

其中记号的含义和式(3-2)。我们也用记号 z'_i 表示 z_i 的重构项。因此画像自编码机的重构误差项为

$$\mathcal{L}_p = \sum_{i \in V} \| (z_i - z'_i) \odot n_i \|_2^2 \tag{3-7}$$

其中 n_i 为画像重构的权值向量，其定义与 m_i 相似，此处不再赘述。用户 i 的画像特征被记为 $\hat{z}_i=z_i^{K_p/2}$。

3.3.2.4 特征聚合与情感预测

当我们得到了用户 i 的情感特征 $\hat{x}_i$、社交特征 $\hat{y}_i$ 和画像特征 $\hat{z}_i$ 之后，我们可以用特定的聚合函数 $g(\cdot,\cdot,\cdot)$ 将这些特征组合成最终的异构特征 e_i。我们列举出一些可用的

聚合函数如下：

- 加和（summation）[117]，即 $e_i = \hat{x}_i + \hat{y}_i + \hat{z}_i$；
- 最大池化（max pooling）[119]，即 $e_i = \text{element-wise-max}(\hat{x}_i, \hat{y}_i, \hat{z}_i)$；
- 拼接（concatenation）[76]，即 $e_i = \langle \hat{x}_i, \hat{y}_i, \hat{z}_i \rangle$。

最后，给定用户 i 和用户 j 以及他们的异构特征 e_i 和 e_j，预测的情感 $\bar{s}_{ij}$ 可以这样计算：$\bar{s}_{ij} = f(i, j)$，其中 $f(\cdot, \cdot)$ 是特定的相似度计算函数。例如：

- 内积[55,80]，即 $\bar{s}_{ij} = e_i^{\mathrm{T}} e_j + b$；
- 欧氏距离[94]，即 $\bar{s}_{ij} = -\| e_i - e_j \|_2 + b$；
- 逻辑斯蒂回归[92]，即 $\bar{s}_{ij} = W^{\mathrm{T}} \langle e_i, e_j \rangle + b$。

我们会在实验部分研究 f 和 g 的选择。

3.3.2.5 优化

SHINE 模型的完整的损失函数如下：

$$\mathcal{L} = \sum_{i \in V} \| (x_i - x_i') \odot l_i \|_2^2 + \lambda_1 \sum_{i \in V} \| (y_i - y_i') \odot m_i \|_2^2 + \lambda_2 \sum_{i \in V} \| (z_i - z_i') \odot n_i \|_2^2 + \lambda_3 \sum_{s_{ij} = \pm 1} (f(e_i, e_j) - s_{ij})^2 + \lambda_4 \mathcal{L}_{reg} \tag{3-8}$$

其中 λ_1、λ_2、λ_3 和 λ_4 是权重参数。式(3-8)的前 3 项分别是情感自编码机、社交自编码机和画像自编码机的重构误差项。式(3-8)的第 4 项是有监督的误差项，用于惩罚预测的情感和真实值之间的差距。式(3-8)的最后一项是防止过拟

合的正则化项，即

$$\mathcal{L}_{\text{reg}} = \sum_{k=1}^{K_s} \| W_s^k \|_2^2 + \sum_{k=1}^{K_r} \| W_r^k \|_2^2 + \sum_{k=1}^{K_p} \| W_p^k \|_2^2 + \| f \|_2^2 \tag{3-9}$$

其中 W_s^k、W_r^k、W_p^k 分别是情感自编码机、社交自编码机和画像自编码机的第 k 层的权值和偏执参数，$\| f \|_2^2$ 是相似度函数 $f(\cdot,\cdot)$ 的正则化项（如果使用的话）。

我们使用 AdaGrad[120] 算法来最小化式(3-8)中的损失函数。在每轮迭代中，我们从训练集中随机选择一组（batch）情感连接，并计算损失函数关于每个可训练参数的梯度。然后我们根据 AdaGrad 算法更新参数的值，直至收敛。

3.3.3 相关讨论

3.3.3.1 非对称性

很多真实世界的网络都是有向的，这意味着对于网络中的两个节点 i 和 j，边 (i,j) 和 (j,i) 可能会同时存在且它们的值并不一定相同。有一些最近的研究[75,121] 已经开始关注非对称性的问题。在本章中，SHINE 模型是否可以刻画非对称性取决于相似度计算函数 f 的选择。具体而言，SHINE 可以处理一条情感连接的方向，当且仅当 $f(i,j) \neq f(j,i)$（例如，逻辑斯蒂回归）。然而幸运的是，即使我们选择了一个对称函数（例如内积或欧氏距离）作为 f，我们依然可使用两组不同的自编码机来提取源节点（source node）和汇节点（targe node）的特征，从而将 SHINE 模型扩展为非对称的版本。从这个角度看，在基本的 SHINE 模型中，自编码机的参数事实上是源节点和汇节点共享的，目标是减少过拟合的可能性。

3.3.3.2 冷启动问题

网络特征学习的一个很现实的问题在于如何为新到达的节点学习特征，这也就是我们熟知的冷启动问题。几乎所有现有的方法都不能很好的在冷启动场景下工作，因为它们只利用了目标网络（在本书中就是情感网络）的信息，而这对新节点而言是不适用的，因为新节点在目标网络中几乎和其他节点没有交互。但是，SHINE 可以避免掉冷启动问题，因为它充分利用了辅助信息并在特征学习中自然地将其融合到了目标网络中。我们会在实验部分进一步研究 SHINE 在冷启动场景中的性能。

3.3.3.3 灵活性

值得注意的是，SHINE 也是一个具有高度灵活性的框架。对于任何其他可用的用户辅助信息（例如用户的浏览记录），我们都可以简单地设计一个并行的处理模块，并将其“插入”原始的 SHINE 框架中来辅助特征学习。相反，我们也可以“拔出”任何一个自编码机，如果该自编码机对应的辅助信息不可用的话。另外，SHINE 的灵活性也体现在我们可以选择不同的聚合函数 g 以及相似度计算函数 f。

3.4 性能验证

3.4.1 实验准备工作

我们使用以下两个数据集来验证 SHINE 的性能：

- Weibo-STC：我们在本章中提出的微博情感数据集是一个异构网络，包含了 12 814 个用户、126 380 条微博、71 268 条社交连接和 37 689 个属性值。该数据集的细节在 3.2 节给出。
- Wiki-RfA：Wikipedia Requests for Adminship[122] 数据集是一个有向网络，具有 10 835 个节点和 159 388 条边。其中边对应了在选举 Wikipedia 管理员时用户的投票。边的符号代表一个用户给另一个用户投票时的正面或负面意见。注意到 Wiki-RfA 数据集不包含任何节点的辅助信息。因此，这个数据集用来验证 SHINE 中的情感自编码器的效果。

我们使用以下 5 种方法作为基准方法，其中前 3 种是网络特征学习的方法，FxG 是一种有符号连接预测的方法，LibFM 是一种通用的分类模型。注意到前 3 种方法并不直接适用于有符号异构网络，因此我们将这些方法分别应用到异构网络的每个模块的正负部分，然后将学到的特征拼接起来作为最终的特征。在将 FxG 应用到 Weibo-STC 数据集上时，我们只是用了情感网络作为输入，因为 FxG 方法不能利用节点的辅助信息。

- LINE[76] 定义了一阶和二阶邻近信息损失函数来学习节点的特征。
- node2vec[77] 设计了一个有偏的随机游走过程来保留节点的邻居信息并学习节点特征。
- SDNE[94] 是一个半监督的网络特征学习方法，使用了自编码机来学习网络的全部和局部信息。
- FxG（Fairness and Goodness）[115] 引入了两种节点行为来预测加权有符号网络中的边的权值：goodness（即该节点多大程度上被其他节点喜爱）和 fairness（即该节点在给其他节点评分时有多公平）。
- LibFM[123] 是一种通用的基于特征的分解模型。在本章中，我们使用拼接的用户 one-hot 向量作为 LibFM 的输入。

在 SHINE 中，我们为每个网络都定义了一个 4 层的自编码机，其中隐藏层有 1 000 个单元，特征层有 100 个单元。更深的结构不能进一步提高性能，反而会带来更多的计算负担。我们选择拼接函数作为聚合函数 g，内积函数作为相似度计算函数 f。另外，非零元素的重建权重 $\alpha = 10$，权重参数

$\lambda_1=1$，$\lambda_2=1$，$\lambda_3=20$，$\lambda_4=0.01$。我们会在3.4.3节进一步研究参数的选择。对于LINE，我们拼接了一阶和二阶特征，最后的特征是1 000维的向量，总的训练次数是1亿次。对于node2vec，特征的维度是100。对于SDNE，非零元素的重建权重$\alpha=10$，一阶项的权重是0.05。对于LibFM，分解机的维度是{1,1,8}，我们在训练中选择SGD方法，学习率为0.5，迭代轮数为200。基准方法中的其他参数为默认值。

3.4.2 实验结果

3.4.2.1 连接预测

在连接预测中，我们的任务是预测两个给定节点之间的未观测到的连接的符号。我们随机移除了情感网络中20%的边作为测试集的正样本，同时随机采样了等量的负样本加入了测试集。然后我们使用剩余的网络来训练所有方法。我们使用Accuracy和Micro-F1作为连接预测任务的指标。为了更细粒度地分析，我们将训练集的百分比从10%变化到100%。结果如图3-5所示，我们可以观察到以下现象：

- 图3-5表明SHINE在两个数据集上相比于基准方法都取得了明显的提升。具体来说，在Weibo-STC中，相比于LINE、node2vec和SDNE，SHINE在Accuray分别取得了13.8%、16.2%和8.78%的提升，在Micro-F1上分别取得了15.5%、17.6%和9.71%的提升。

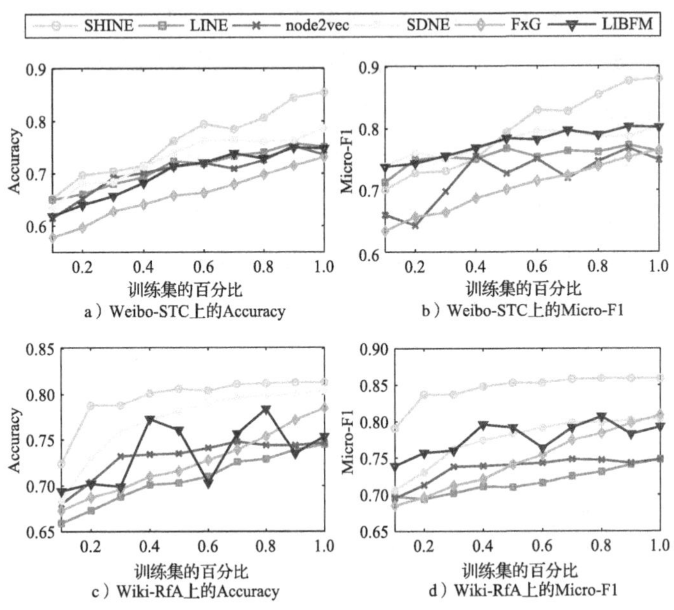

图 3-5　连接预测任务中 Weibo-STC 和 Wiki-RfA 数据集上 Accuracy 与 Micro-F1 指标的结果

- 在 3 种网络特征学习方法中，SDNE 表现最好，而 LINE 和 node2vec 表现相对较差。注意到 SDNE 也使用了自编码机，这也从另一个角度证明了自编码机在学习高度非线性特征方面的能力。
- FxG 在 Wiki-RfA 数据集上比 Weibo-STC 表现好很多。这可能是因为：①不像其他方法，FxG 无法利用 Weibo-STC 数据集中的辅助信息；② Weibo-STC 比 Wiki-RfA 更稀疏，这对于 FxG 模型中的 goodness 和

fairness 的计算是很不利的。

- 尽管 LibFM 不是专门为网络结构数据而设计的，但是相比于其他网络特征学习方法而言，它依然取得了不错的表现。然而，在实验中我们发现 LibFM 非常不稳定，受参数的影响很大。这可以从图 3-5c 和图 3-5d 中 LibFM 上下波动的曲线看出。

为了测试冷启动场景下各方法的性能，我们为 Weibo-STC 构造了一个由新到的用户构成的测试集，其中所有的普通用户都没有在训练集中出现。我们将所有用户和新用户上的结果展示在表 3-2 中。我们可以发现，SHINE 明显可以在冷启动中维持一个良好的表现，因为它可以充分利用辅助信息来弥补情感连接的缺失。相比之下，其他基准方法在冷启动中都有明显退化。具体来说，SHINE 在 Accuracy 上的性能退化为 2.46%，而 LINE、node2vec、SDNE、FxG 和 LibFM 分别为 11.58%、11.28%、15.14%、17.90%和 14.57%。

表 3-2 冷启动场景中 Weibo-STC 数据集的 Accuracy 和 Micro-F1 的结果

模型	Accuracy		Micro-F1	
	所有用户	新用户	所有用户	新用户
SHINE	**0.855**	**0.834**	**0.881**	**0.858**
LINE	0.751	0.664	0.763	0.739
node2vec	0.736	0.653	0.749	0.667
SDNE	0.786	0.667	0.803	0.751
FxG	0.732	0.601	0.765	0.652
LibFM	0.748	0.639	0.802	0.746

3.4.2.2 节点推荐

除了连接预测任务，我们也在节点推荐任务上进行了实验，目的是为每个用户推荐一些他没有显式表达过态度但是可能会喜欢的其他用户。节点推荐任务的表现也能反映出学习到的特征的质量。具体来说，对每个用户，我们计算他与所有其他用户的分值，然后选择了 K 个具有最大分值的用户作为推荐的集合。出于完整性的考虑，我们不仅推荐一个用户可能喜欢的用户，也推荐他可能讨厌的用户。因此，我们使用正向和负向的 Precision@ K 与 Recall@ K 作为指标。结果如图 3-6 和图 3-7 所示，我们有如下观察：

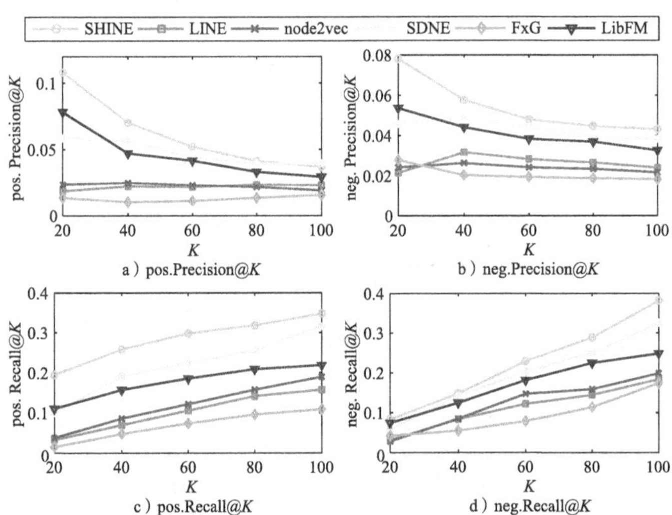

图 3-6 节点推荐任务中 Weibo-STC 数据集上正向和负向的 Precision@ K 与 Recall@ K 的结果

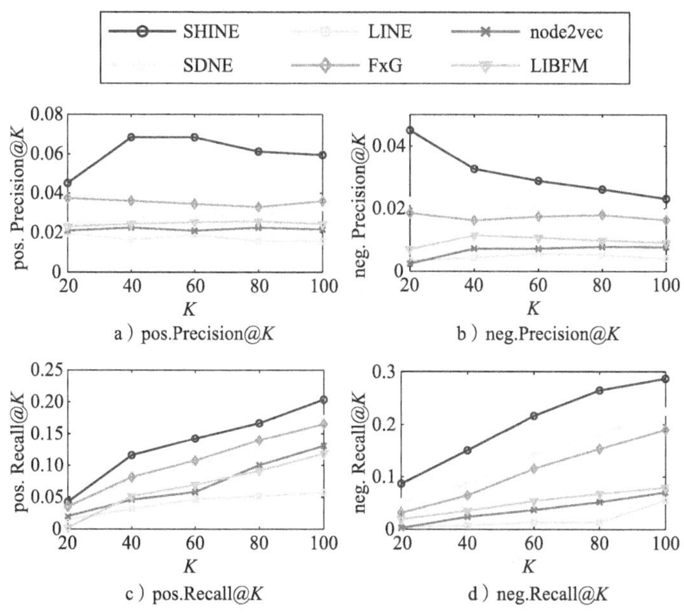

图 3-7 节点推荐任务中 Wiki-RfA 数据集上正向和负向的 Precision@K 与 Recall@K 的结果

- SHINE 的曲线几乎一直在所有基准方法的上方，这表明 SHINE 在推荐任务上的表现也显著优于基准方法。
- 负向的 Precision 比正向的 Precision 要低，但是负向的 Recall 要比正向的 Recall 高。这是因为在两个数据集中，负边都远比正边多，因此推荐结果要覆盖负边会更容易。

- 整体而言，Weibo-STC 的结果比 Wiki-RfA 要好，这也和连接预测中的结果一致。原因可能在于 Weibo-STC 中提供了更多的辅助信息，可以更好地帮助学习用户特征。

3.4.3 超参数敏感性

SHINE 包含了很多超参数。本节中我们研究不同的超参数的选择如何影响 SHINE 的性能。除了待测试的参数外，其他参数都为默认值。

3.4.3.1 相似度函数 f 和聚合函数 g

我们首先研究相似度函数 f 和聚合函数 g 是如何影响性能的。我们测试了所有 f 和 g 可能的组合，结果如表 3-3 所示。我们可以看出内积和拼接的组合取得了最好的表现；相比之下，最大池化的表现最差，这可能是因为拼接比另外两种操作保留了更多的信息。而 3 种 f 函数的表现的差别相对较小。

表 3-3 连接预测任务中 Weibo-STC 数据集上不同的相似度函数和聚合函数的组合的表现

f	g		
	加和	最大池化	拼接
内积	0.802	0.761	**0.855**
欧氏距离	0.788	0.779	0.837
逻辑斯蒂回归	0.816	0.782	0.842

3.4.3.2 特征的维度和非零元素的重构权重 α

我们也在图 3-8a 展示了 3 个自编码机中的特征的维度以及非零元素的重构权重 α 的影响。我们的观察如下。①随着维度的增加，SHINE 的性能一开始也在提高，这是因为更长的特征可以包含更多有用的信息。但是随着维度的进一步增加，SHINE 的性能开始下降，这是因为太大的特征会引入噪声，导致过拟合。②当 α 很小时（例如 $\alpha=1$），SHINE 会无差别地重构零项和非零项，这会使性能退化，因为非零项比零项蕴含的信息更多。然而，如果 α 过大（例如 $\alpha=30$），SHINE 的性能也会下降，因为太大的 α 会让 SHINE 完全忽视用户的非相似性（即零项）。

3.4.3.3 权重参数 λ_1、λ_2 和 λ_3

λ_1、λ_2 和 λ_3 控制着损失函数中 3 个损失项的权衡。我们将 λ_1 和 λ_2 视为二元变量（即只能取值为 0 或 1），然后变化 λ_3 的取值。注意到 λ_1 或 λ_2 是否为 1 表明我们是否在连接预测中使用额外的社交信息或画像信息。因此，对 λ_1 和 λ_2 的研究可以视为验证社交网络特征学习模块和用户画像特征学习模块的有效性。结果如图 3-8b 所示，从中我们可以得出如下结论。①$\lambda_1=1$，$\lambda_2=0$ 的曲线和 $\lambda_1=0$，$\lambda_2=1$ 的曲线都在 $\lambda_1=0$，$\lambda_2=0$ 曲线之上，这证明了引入社交信息和画像信息的有效性。而且，结合两者信息可以进一步提高 SHINE 的性能。②提高 λ_3 的数值可以很大程度上提升性能，因为 SHINE 会更关注于预测误差而不是重构误差。然而，和其他超参数相似的是，太大的 λ_3 也会让性能变差，因为这破坏了损失函数中不同项之间的权衡。

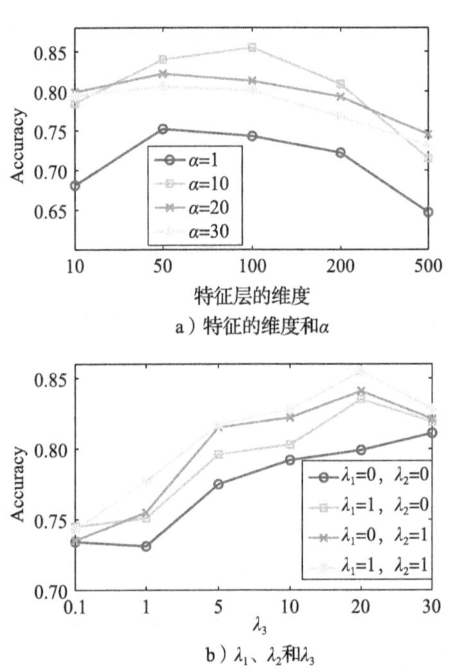

a）特征的维度和 α

b）λ_1、λ_2 和 λ_3

图 3-8　SHINE 中的超参数敏感性

3.5　本章小结

本章以预测微博上用户之间的情感连接为例，研究了如何使用基于特征的方法在推荐系统中融合社交网络信息。我们首先建立了一个有标签的、异构的、实体层级的微博情感数据集。为了有效地从异构网络中学习用户特征，本章提出了一种端到端（end-to-end）的 SHINE（Signed Heterogeneous Information Network Embedding）模型来提取用户的高度非线性表示，同时保留原网络的结构信息。两个数据集上的实验结果证实了 SHINE 的有效性。实验结果也表明引入额外的社交网络信息和用户画像信息对实验效果有进一步的提升。

第4章

社交网络辅助的推荐系统——基于结构的方法

4.1 引言

上一章中我们研究了如何使用基于特征的方法将社交网络和推荐系统进行结合。基于特征的方法首先在社交网络中学习用户的特征，然后将其应用到后续的推荐算法中。本章将从另一个角度研究社交网络辅助的推荐系统，即基于结构的方法。与基于特征的方法不同，基于结构的方法会更直接地在推荐算法中利用社交网络的结构。

本章以微博**在线投票**（online voting）推荐为例，介绍基于结构的社交网络辅助的推荐系统。在线投票[124] 是社交平台上一个流行的功能。用户可以通过在线投票表达和分享他们对各种兴趣话题的态度，例如生活、娱乐、经济、政治等。在微博上，除了简单地参与投票之外，用户还可以自主发起投票并自定义选项。一个用户发起的投票对其关注者是可见的，且他的关注者可以选择参与或转发这个投票。如此，一个投票便可以沿着社交路径在网络上进行传播。投票的传播机制如图 4-1 所示。在这个例子中，一个用户（浅色）发起了一个名为“谁是你最喜爱的电影明星”的投票。这个投票可以直接被他的关注者看到，其中的一个关注者和他在一个群组“Hollywood movie group”中。当他的一个关注者参与或者转发了该投票之后，这个投票可以进一步被他的关注者的关注者看到。通过这样的传播，该投票就逐渐被扩散到了发起者多跳之外的用户中。事实上，除了社交传播之外，一个用户也可以在系统推荐中找到他感兴趣的投票。系统推荐算法可能是基于热度或个性化的推荐，具体的细节并不为外界所知。

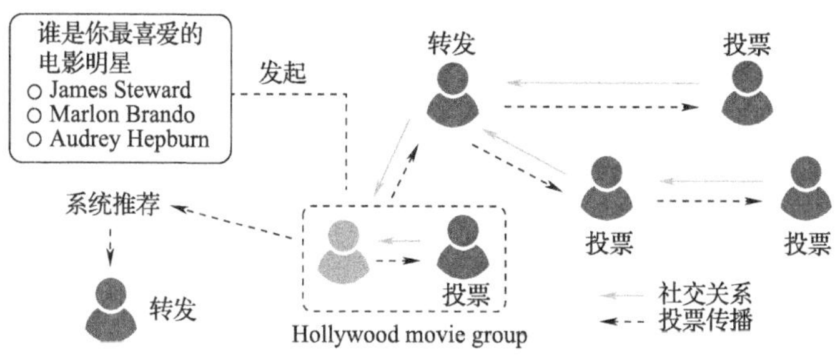

图 4-1　微博投票的传播机制

面对大量的多样化的投票，一个关键的问题是如何将“正确的”投票呈现给“正确的”用户。一个有效的推荐系统会精确地定位每个用户的喜好来解决信息超载的问题，从而提高用户体验，提升用户对投票的参与度。然而，很少有已知文献研究过如何进行在线投票的推荐。这个问题有两方面的挑战。①用户对投票的兴趣和投票问题的文本内容高度相关。话题模型[125]（topic model）是一种通过发掘文本的隐含话题分布而进行文本建模的方法，但是投票问题的文本通常很短，缺乏足够的话题信息。语义模型[68]（semantic model）也是近年来流行的一种学习文本特征的方法。然而，语义模型通常将每个单词表示成一个向量，这使得它无法处理投票问题中常见的一词多义（polysemy）现象。（比如，“你使用苹果的产品吗?”和“你吃苹果之前会削皮吗?”）②在线投票的传播很大程度上依赖于社交网络的结构（也是本章重点关注的问题）。一个用户可以看到他关注的用户发起、参与和转发的投票，这意味着他的关注者的行为更有可能影响他对投票的参与。另外，在大部分社交网络中，一个用户可以参与不同的兴趣小组，这也是另一种可能影响用户投票行为的社交结构。尽管有很多文献[49,124,126-129]提出利用社交网络信息来辅助推荐，但是如何在投票推荐场景中充分考虑投票传播机制依然是一个待研究的问题。

为了解决以上的问题，本章提出一个名为 JTS-MF（Joint Topic-Semantic-aware Matrix Factorization）的模型。JTS-MF 模型综合考虑了投票问题文本表征和社交网络结构的影响。对于社交网络结构，JTS-MF 充分考虑了社交关系和群组信息，并将其融入目标函数。我们会进一步在 4.2 节中验证使用社交网络信息的必要性。对于投票问题文本的表征，我们提出了一种TEWE（Topic-Enhanced Word Embedding）方法得到词汇和文本的多模态（multi-prototype）表征，这里的多模态是指话题信息和语义信息。TEWE的核心思想是允许一个词汇在不同的话题和不同的文本中有不同的表征。当我们得到文本的TEWE表征后，JTS-MF模型将其与社交网络结构进行综合考量，用以计算用户之间和文本之间的相似度。和LLE[66]类似，我们试图在矩阵分解中保持这种相似度，因为它包含了丰富的邻近关系信息且可以极大地提升模型的表现。

我们在真实的投票推荐数据集上进行了实证研究。实验结果证明了JTS-MF模型相比于基准方法有明显的性能提升。同时，实验结果也证实了在推荐系统中使用社交网络结构信息的有效性。

4.2 背景知识和数据集分析

4.2.1 背景知识

微博是中国最流行的社交网站平台之一。微博上的用户可以相互关注、发表微博或分享给自己的关注者。用户也可以根据自身属性（比如地域）或话题兴趣（比如职业）加入不同的群组。投票㊀是微博的功能之一。截至2013年1月，

㊀ http://www.weibo.com/vote? is_all=1。

超过9 200万用户至少参与过一次微博投票，且每天在微博上至少有220万正在进行的投票。任何用户都可以免费发起、转发或参与微博上的投票活动。如图4-1所示，投票有两种传播方式。第一种是通过社交传播：一个用户可以看到他关注的人发起、转发或参与的投票，因此该用户也可能会参与其中；第二种是通过微博的投票推荐列表，其中包含了为每个用户生成的按照热度和个性化推荐规则生成的投票集合。

4.2.2 数据集分析

我们的微博投票数据集包含了从2010年11月至2012年1月间的详细的投票信息以及其他辅助信息。具体来说，该数据集包含了用户在每个投票中的状态信息（我们只知道一个用户有没有参与一个投票，不知道这个用户的具体选择）、投票的内容、用户之间的社交关系、群组名称和类别以及用户-群组的隶属关系。

4.2.2.1 基本统计信息

微博投票数据集的基本统计信息如表4-1所示。我们可以看出，每个用户平均有165.4个好友，平均参与3.9个投票，平均加入了5.6个群组。如果我们只计算至少参加了一次投票或者至少加入了一个群组的用户，那么每个用户平均参与的投票和加入的群组数目分别为7.4和7.8。图4-2描述了相关统计量的分布曲线：图4-2a，一个用户参与过的投票数目的分布；图4-2b，一个投票的参与者数目的分布；图 4-2c，一个用户的好友数目的分布；图 4-2d，一个群组中的用户数目的分布；图 4-2e，一个群组中所有用户参与过的投票数目总和（可能包含重复的投票）的分布；图 4-2f，一个用户参与过的群组数目的分布。

表 4-1 微博投票数据集的基本统计信息

#users	1 011 389	#groups	299 077
#users with votings	525 589	#user-voting	3 908 024
#users with groups	723 913	#user-user	83 636 677
#votings	185 387	#user-group	5 643 534

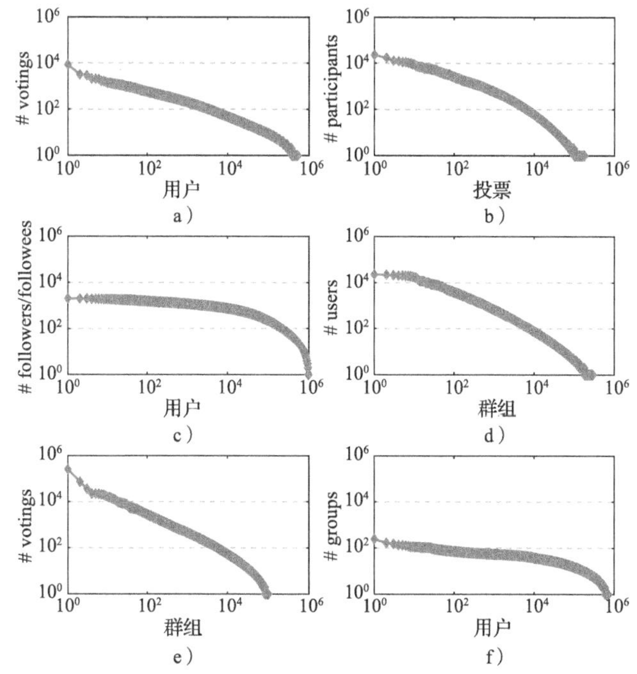

图 4-2 微博投票数据集基本统计量的分布曲线

4.2.2.2 用户之间的社交关系与该对用户的共同投票数目的联系

我们从用户集合中随机选择了 1 000 万对用户。我们将每对用户按照他们之间的社交关系分成了以下 4 类，并统计了每类中一对用户的平均共同投票数目：①一个用户关注了另一个用户，即他们是社交（social-level）朋友；②两个用户至少在一个共同群组中，即他们是群组（group-level）朋友；③两个用户既不是社交朋友也不是群组朋友；④这两个用户是随机选择的。统计结果如图 4-3a 所示，其中清楚地展示了 4 种情况的差异。事实上，社交朋友和群组朋友之间的共同投票数（3.54×10^{-4} 和 1.79×10^{-4}）要比“陌生人”（2.04×10^{-5}）分别高 17.4 倍和 8.8 倍。这个结果表明如果两个用户是社交朋友或群组朋友，那么他们有可能会共同参与更多的投票。

4.2.2.3 两个用户是好友的概率与他们是否参与过共同投票的联系

我们首先从投票集合中随机选择了 1 万个投票。对于每个采样出来的投票 v_j，我们计算了它的任意两个参与者是社交朋友或群组朋友的概率。也就是说，记 n_j 为投票 v_j 的参与者的数目，那么我们按照 $p_j=$

$\frac{v_j\text{的参与者中社交朋友或群组朋友的数目}}{n_j\times(n_j-1)/2}$来计算该概率。我们对所有采样出来的投票都计算了$p_j$，其平均值如图4-3b所示（深色）。为了比较，我们也将随机采样的用户的结果画在图4-3b中（浅色）。从图4-3b中我们可以很明显地看出，如果两个用户曾经参与过共同的投票，那么他们更有可能是社交或群组朋友。事实上，如果两个用户有参与过共同投票，那么他们是社交或群组朋友的概率会分别提升5.3倍和3.6倍。

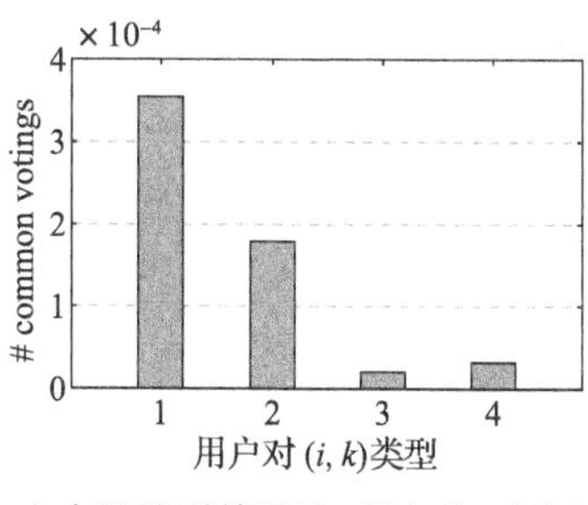

a）在以下4种情况下，用户i和k参与过的共同投票数：①i和k有关注关系；②i和k在共同群组中；③i和k没有社交关系；④i和k随机抽样产生

b）在以下2种情况下，两个用户是社交朋友或群组朋友的概率：①他们参与过至少一个共同投票；②他们是随机抽样产生

图4-3　用户的投票行为和社交网络结构的关联

以上两个发现有力地证实了用户的投票行为和社交网络结构的关联，这也启发了我们在投票推荐中充分考虑用户的社交关系和群组隶属关系。

4.3 社交–话题–语义感知的微博投票推荐方法

4.3.1 微博投票推荐的问题描述

微博投票推荐的问题描述如下：我们将所有用户的集合、所有投票的集合和所有群组的集合分别记为$\mathcal{U}=\{u_1, \cdots, u_N\}$，$\mathcal{V}=\{v_1, \cdots, v_M\}$ 和 $\mathcal{G}=\{G_1, \cdots, G_L\}$。我们也考虑了微博平台上的3种关系，分别是用户–投票、用户–用户、用户–群组：

1）用户 u_i 和投票 v_j 的关系被定义为

$$I_{u_i, v_j}=\begin{cases}1, & \text{如果 } u_i \text{ 参与 } v_j; \\ 0, & \text{否则}\end{cases} \tag{4-1}$$

2）用户 u_i 和用户 u_k 的关系被定义为

$$I_{u_i, u_k}=\begin{cases}1, & \text{如果 } u_i \text{ 关注 } u_k; \\ 0, & \text{否则}\end{cases} \tag{4-2}$$

另外，我们使用 $\mathcal{F}_i^+$来表示用户 u_i 关注的用户的集合（followees），用 $\mathcal{F}_i^-$来表示关注用户 u_i 的用户集合（“+”的意思是“出”，“–”的意思是“入”）。

3）用户 u_i 和群组 G_c 的关系被定义为

$$I_{u_i, G_c}=\begin{cases}1, & \text{如果 } u_i \text{ 加入 } G_c; \\ 0, & \text{否则}\end{cases} \tag{4-3}$$

给定以上定义，我们的目标是为每个用户推荐一个投票的集合，该用户没有参与过这些投票但是可能会对它们感兴趣。

4.3.2 话题感知的词向量学习

在本节中我们介绍如何从话题和语义的联合角度学习用户、投票和群组的特征，以及如何应用这些特征来计算相似度。我们首先介绍使用 LDA 和 Skip-Gram 模型学习话题信息和语义信息，然后在我们提出的 TEWE 方法中将二者进行结合。

4.3.2.1 话题提取

本部分介绍如何为用户、投票和群组提取其话题分布信息。一般而言，LDA[125] 是一个流行的从一组文档中提取潜在的话题信息的生成式方法。在 LDA 中，每个文档 d 被表示为在一组话题上的多项分布（multinomial distribution）$\boldsymbol{\Theta}_d$，每个话题 z 也被表示为在一系列词汇上的多项分布 $\boldsymbol{\Phi}_z$。相应地，文档 d 中的每个词汇的位置 l 都根据 $\boldsymbol{\Theta}_d$ 被分配了一个话题 $z_{d,l}$，而最终的词汇 $w_{d,l}$ 是根据分布 $\boldsymbol{\Phi} z_{d,l}$ 生成的。通过 LDA 方法，我们可以得到每篇文档的话题分布，以及每篇文档中每个位置上的词汇被分配的话题。

下面我们简单介绍如何在微博投票的场景中使用 LDA。

每个投票 v_j 都关联了一个问题的文本，这个文本可以被视为投票的文档 d_{v_j} ㊀。那么，用户 u_i 的文档 d_{u_i} 可以通过聚合其参与过的所有投票的文档得到，即 $d_{u_i} = \cup \{ d_{v_j} \mid I_{u_i,v_j} = 1 \}$，群组 G_c 的文档 d_{G_c} 可以通过聚合其所有的成员的文档得到，即 $d_{G_c} = \cup \{ d_{u_i} \mid I_{u_i,G_c} = 1 \}$。

我们将所有群组的文档作为 LDA 模型的输入。LDA 模型的具体工作过程这里不再赘述。LDA 模型训练结束后会输出每个词汇被分配的话题和每个群组文档的话题分布。那么用户文档和投票文档的话题分布可以通过在模型上进行推断（infer）得到。这些信息都会在后续处理中被使用。

4.3.2.2 语义提取

本部分介绍如何为用户、投票和群组提取其语义信息。词向量（word embedding）将每个词汇表示为一个向量，这可以很好地提取词汇中的语义信息。Skip-Gram 模型是一个常用的学习词向量的模型[68]。具体来说，给定一个句子 $D = \{ w_1, w_2, \cdots, w_T \}$，Skip-Gram 的目标是最大化下式中的对数概率

$$\mathcal{L}(D) = \frac{1}{T} \sum_{t=1}^{T} \sum_{\substack{-k \leqslant c \leqslant k \\ c \neq 0}} \log p(w_{t+c} \mid w_t) \tag{4-4}$$

㊀ d_{v_j} 由 Jieba（https://github.com/fxsjy/jieba）进行分词，且所有的停用词（stop words）都被去除。

其中 k 是上下文词汇的数目。通常而言，$p(w_i \mid w_t)$ 是用 softmax 函数定义的：

$$p(w_i \mid w_t) = \frac{\exp(w_i^{\mathrm{T}} w_t)}{\sum_{w \in V} \exp(w^{\mathrm{T}} w_t)} \tag{4-5}$$

其中 w_i 和 w_t 分布是上下文词汇 w_i 和目标词汇 w_t 的向量表示。V 是词汇表。

4.3.2.3 话题感知的词向量

本章我们提出一个联合话题语义模型 TEWE 来分析用户、投票和群组的文档。TEWE 的动机来源于以下两点观察：①投票问题的内容通常都很短，尽管我们使用聚合过后的群组文档当作 LDA 的输入，依然无法很好地解决投票话题模糊的问题；②Skip-Gram 模型学习词向量的方法假设每个词汇只有一个向量，这无法解决投票中很常见的一词多义的问题。因此，TEWE 的基本思想是在词汇中保留话题的信息。这样的话，一个词汇在不同的话题分配下会有不同的向量表示，一个词汇在不同的文档中也可能会有不同的向量表示。

具体地说，与 Skip-Gram 中仅仅使用目标词汇 w 去预测上下文词汇不同，TEWE 还额外使用了 z_w（w 在该文档中被分配的话题），以及 z_w^d（w 所属的文档的话题）。注意到在 4.3.2.1 节中，我们已经得到了每个词汇的话题分配 z_w，以及每篇文档的话题分布 Θ_d，因此 z_w^d 可以被定义为 z_w^d = arg-

$\max_z \theta_d^{(z)}$，其中 $\theta_d^{(z)}$ 是文档 d 属于话题 z 的概率。接下来，TEWE 将每个词汇-话题的三元组 $\langle w, z_w, z_w^d \rangle$ 视为一个"伪"词，并为每个这样的三元组学习一个唯一的向量 w^{z,z^d}。TEWE 的目标函数如下：

$$\mathcal{L}(D) = \frac{1}{T}\sum_{t=1}^{T}\sum_{\substack{-k \leqslant c \leqslant k \\ c \neq 0}} \log p(\langle w_{t+c}, z_{t+c}, z_{t+c}^d \rangle \mid \langle w_t, z_t, z_t^d \rangle) \tag{4-6}$$

其中 $p(\langle w_i, z_i, z_i^d \rangle \mid \langle w_t, z_t, z_t^d \rangle)$ 是一个 softmax 函数：

$$p(\langle w_i, z_i, z_i^d \rangle \mid \langle w_t, z_t, z_t^d \rangle) = \frac{\exp(w_i^{z,z^d \mathrm{T}} w_t^{z,z^d})}{\sum_{\langle w,z,z^d \rangle \in \langle V,Z,Z \rangle} \exp(w^{z,z^d \mathrm{T}} w_t^{z,z^d})} \tag{4-7}$$

Skip-Gram 和 TEWE 的比较如图 4-4 所示。和 Skip-Gram 单纯地使用目标词汇和上下文词汇不同，TEWE 进一步地在词向量中保存了词汇和文档的话题信息。

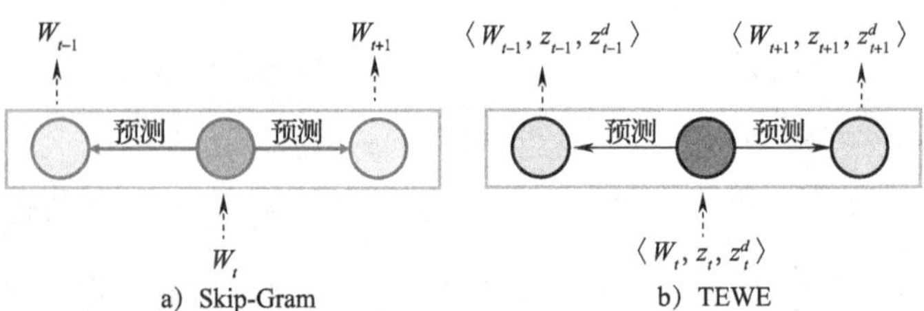

图 4-4　Skip-Gram 和 TEWE 的比较。a）中浅色的圆圈表示原始单词，而 b）中圆圈表示"伪"词的 TEWE 向量

当我们为每个"伪"词学习到了 TEWE 向量之后，每篇文档的表示就可以通过加权聚合它所包含的所有词汇的TEWE向量得到，其中权重为TF-IDF（Term Frequency Inverse Document Frequency）因子。具体来说，对于每篇文档 d，它的TEWE特征的计算如下：

$$e_d = \sum_{w \in d} \text{TF-IDF}(w,d) \cdot w^{z,z^d} \tag{4-8}$$

其中 $\text{TF-IDF}(w,d)$ 是词频（term frequency）和倒排文档频率（inverse document frequency）的乘积，即词 w 在文档 d 中的出现频次与包含词 w 的文档的百分比的对数：$\text{TF-IDF}(w,d) = f_{w,d} \cdot \log \frac{|D|}{|d \in D: w \in d|}$（$D$ 是所有文档的集合）。

TEWE文档表示可以被用来衡量文档之间的相似度。例如，两个用户文档 d_{u_i} 和 d_{u_k} 的话题语义相似度可以被定义为它们的余弦相似度：$\frac{e_{u_i}^{\mathrm{T}} e_{u_k}}{\| e_{u_i} \|_2 \| e_{u_k} \|_2}$。这种相似度包含了对用户文档的话题和语义相似性的考量，也就是说，它揭示了用户之间的投票兴趣的相似性。

4.3.3 投票推荐算法

在本章中我们介绍JTS-MF（Joint Topic-Semantic-aware Matrix Factorization）模型。JTS-MF模型将社交网络结构和话题语义相似度结合起来用于推荐系统。受到LLE[66]在低维向量空间中保存局部线性依赖关系的做法的启发，我们也希望在用户和投票的特征空间中维护用户之间和投票之间的话题语义相似度。因此，在 JTS-MF 模型中，我们在将评分 $R_{i,j}$ 分解为用户特征 Q_i 和投票特征 P_j 的同时，也有意地让 $Q_i(P_j)$ 依赖于它们在社交网络（话题语义空间）中的关系紧密的其他个体。JTS-MF 的图模型如图 4-5 所示。

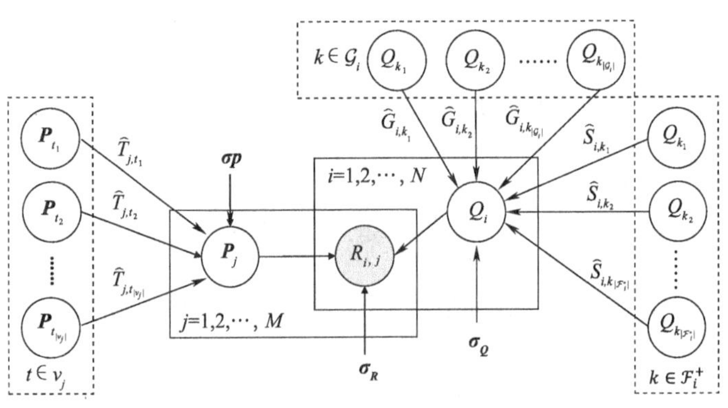

图 4-5 JTS-MF 的图模型

4.3.3.1 相似度系数

为了刻画用户之间和投票之间的相似度，我们引入了如下 3 个相似度系数：

- 归一化的用户社交相似度系数（normalized social-level similarity coefficient of users）：$\hat{S}_{i,k}$，其中 u_k 是 u_i 的社交朋友。
- 归一化的用户群组相似度系数（normalized group-level

similarity coefficient of users)：$\hat{G}_{i,k}$，其中 u_k 是 u_i 的群组朋友。

- 归一化的投票相似度系数（normalized similarity coefficient of voting）：$\hat{T}_{j,t}$，其中 v_j 和 v_t 是两个不同的投票。

1. 归一化的用户社交相似度系数

用户社交相似度系数是一个矩阵 $S^{N\times N}$，它融合了用户之间的社交关系以及话题语义相似度。具体地说，对于用户 u_i，他与用户 u_k 的用户社交相似度系数被定义为

$$S_{i,k} = I_{u_i,u_k} \cdot \sqrt{\frac{d_k^- + d}{d_i^+ + d_k^- + d}} \cdot \frac{e_{u_i}^{\mathrm{T}} e_{u_k}}{\| e_{u_i} \|_2 \| e_{u_k} \|_2} \tag{4-9}$$

其中 I_{u_i,u_k} 表示 u_i 是否关注 u_k，d_i^+ 是 u_i 在社交网络中的出度（即 $d_i^+ = |\mathcal{F}_i^+|$），$d_k^-$ 是 u_k 在社交网络中的入度（即 $d_k^- = |\mathcal{F}_k^-|$），$d$ 是平滑系数（本书中 $d=1$），$\frac{e_{u_i}^{\mathrm{T}} e_{u_k}}{\| e_{u_i} \|_2 \| e_{u_k} \|_2}$ 是 u_i 和 u_k 的话题语义相似度（在 4.3.2.3 节中提及）。$\sqrt{\frac{d_k^- + d}{d_i^+ + d_k^- + d}}$ 包含了局部权威值（local authority）和局部中心值（local hub）的信息，用以区分不同用户的重要程度[130]。总之，$S_{i,k}$ 同时从话题语义上和社交影响上刻画了两个用户的亲密程度。

为了避免由于追随者数量的差异带来的影响，我们在 JTS-MF 中使用归一化的用户社交相似度系数，其定义为

$$\hat{S}_{i,k} = \frac{S_{i,k}}{\sum_{k \in \mathcal{F}_i^+} S_{i,k}} \tag{4-10}$$

其中$\mathcal{F}_i^+$ 表示 u_i 在社交网络中的追随者。

2. 归一化的用户群组相似度系数

用户群组相似度系数是一个矩阵 $G^{N\times N}$，它融合了用户之间的群组关系以及话题语义相似度。对于用户 u_i，他与用户 u_k 的用户群组相似度系数被定义为

$$G_{i,k} = \sum_{G \in \mathcal{G}} I_{u_i,G} \cdot I_{u_k,G} \cdot \frac{e_{u_i}^{\mathrm{T}} e_G}{\| e_{u_i} \|_2 \| e_G \|_2} \tag{4-11}$$

其中 $\mathcal{G}$ 表示所有的群组，$I_{u_i,G}$ 和 $I_{u_k,G}$ 表示 u_i 和 u_k 是否加入了群组 G。最后一项是用户 u_i 和群组 G 的话题语义相似度。我们同样正规化了用户群组相似度系数如下：

$$\hat{G}_{i,k} = \frac{G_{i,k}}{\sum_{k \in \mathcal{G}_i} G_{i,k}} \tag{4-12}$$

其中 $\mathcal{G}_i$ 是 u_i 在社交网络中的群组朋友。

3. 归一化的投票相似度系数

投票相似度系数是一个矩阵 $T^{M\times M}$。它的定义为投票之间的话题语义相似度：

$$T_{j,t} = \frac{e_{v_j}^{\mathrm{T}} e_{v_t}}{\| e_{v_j} \|_2 \| e_{v_t} \|_2} \tag{4-13}$$

因为投票的数目非常大，因此我们只考虑了绝对值较高的相似度。具体而言，对于每个投票 v_j，我们定义集合 $\mathcal{V}_j$ 为与 v_j 的相似度高于特定阈值的投票的集合，即 $\mathcal{V}_j = \{v_t \mid T_{j,t} \geqslant threshold\}$。相应地，投票相似度系数被归一化为

$$\hat{T}_{j,t}=\frac{T_{j,t}}{\sum_{t\in\mathcal{V}_j}T_{j,t}} \tag{4-14}$$

4.3.3.2 目标函数

使用上面的记号，JTS-MF 的目标函数如下：

$$L=\frac{1}{2}\sum_{i=1}^{N}\sum_{j=1}^{M}I'_{i,j}(R_{i,j}-Q_iP_j^{\mathrm{T}})^2+\frac{\alpha}{2}\sum_{i=1}^{N}\|Q_i-\sum_{k\in\mathcal{F}_i^+}\hat{S}_{i,k}Q_k\|_2^2+$$

$$\frac{\beta}{2}\sum_{i=1}^{N}\|Q_i-\sum_{k\in\mathcal{G}_i}\hat{G}_{i,k}Q_k\|_2^2+\frac{\gamma}{2}\sum_{j=1}^{M}\|P_j-\sum_{t\in\mathcal{V}_j}\hat{T}_{j,t}P_t\|_2^2+$$

$$\frac{\lambda}{2}(\|Q\|_F^2+\|P\|_F^2) \tag{4-15}$$

上述目标函数的基本思想是，除了考虑用户和投票之间的反馈，我们也为相似用户和相似投票之间的特征的差异施加了惩罚。式(4-15)的第 1 项衡量了预测值 $Q_iP_j^{\mathrm{T}}$ 和真实值 $R_{i,j}$ 的误差，其中训练权重 $I'_{i,j}$ 的定义如下：

$$I'_{i,j}=\begin{cases}1, & 如果\ u_i\ 参与\ v_j\\ I_m, & 否则\end{cases} \tag{4-16}$$

我们不直接使用 I_{u_i,v_j} 的原因是，我们发现一个较小的正数 I_m 会使得训练过程更稳定，且最终性能会更好。在 JTS-MF 模型中，如果 u_i 参与了 v_j，那么 $R_{i,j}=1$，否则 $R_{i,j}=0$。

式(4-15)的第 2、3、4 项衡量了相似用户和相似投票之间的差异的惩罚。特别地，第 2 项迫使用户 u_i 的特征 Q_i 和他的追随者们 Q_k 的加权平均特征相近。第 3 项迫使用户 u_i

的特征 Q_i 和他的群组朋友们 Q_k 的特征相近。第 4 项迫使投票 v_j 的特征 P_j 和那些与 v_j 相似的投票的特征相近。

最后，式(4-15)的最后一项是防止过拟合的正则项，λ 是正则项的权重。社交相似性、群组相似性和投票相似性的权衡是由参数 α、β 和 γ 分别控制的。

4.3.3.3 学习算法

为了优化式(4-15)，我们使用组梯度下降法[⊖]来最小化该目标函数。式（4-15）关于 Q_i 和 P_j 的梯度如下：

$$\begin{aligned}\frac{\partial L}{\partial Q_i} = &\sum_{j=1}^{M} -I'_{i,j}(R_{i,j} - Q_i P_j^{\mathrm{T}})P_j + \\ &\alpha\Big((Q_i - \sum_{k\in\mathcal{F}_i^+}\hat{S}_{i,k}Q_k) + \sum_{t\in\mathcal{F}_i^-} -\hat{S}_{t,i}(Q_t - \sum_{k\in\mathcal{F}_t^+}\hat{S}_{t,k}Q_k)\Big) + \\ &\beta\Big((Q_i - \sum_{k\in\mathcal{G}_i}\hat{G}_{i,k}Q_k) + \sum_{t\in\mathcal{U}} -\hat{G}_{t,i}(Q_t - \sum_{k\in\mathcal{G}_i}\hat{G}_{t,k}Q_k)\Big) + \lambda Q_i\end{aligned} \tag{4-17}$$

$$\begin{aligned}\frac{\partial L}{\partial P_j} = &\sum_{i=1}^{N} -I'_{i,j}(R_{i,j} - Q_i P_j^{\mathrm{T}})Q_i + \\ &\gamma\Big(\big(P_j - \sum_{t\in\mathcal{V}_j}\hat{T}_{j,t}P_t\big) + \sum_{k\in\mathcal{V}_j} -\hat{T}_{k,j}\big(P_k - \sum_{t\in\mathcal{V}_k}\hat{T}_{k,t}P_t\big)\Big) + \lambda P_j\end{aligned} \tag{4-18}$$

⊖ 在此我们无法使用交替最小二乘法（Alternating Least Square，ALS），因为 ALS 涉及计算两个超大矩阵的逆矩阵。

给定上述梯度，JTS-MF 的训练伪代码如下：

1）随机初始化 Q 和 P；

2）在算法迭代的每一轮：

a）更新每个 Q_i：$Q_i \leftarrow Q_i - \delta \frac{\partial L}{\partial Q_i}$；

b）更新每个 P_j：$P_j \leftarrow P_j - \delta \frac{\partial L}{\partial P_j}$；

直到收敛，其中 δ 是学习率。

4.4 性能验证

4.4.1 实验准备工作

我们将以下方法作为基准方法。前 3 种方法是 JTS-MF[⊖] 的弱化版本，它们只考虑了一种特定的相似性。

- JTS-MF（S）只考虑了用户之间的社交相似性，即在 JTS-MF 中令 β、$\gamma=0$；
- JTS-MF（G）只考虑了用户之间的群组相似性，即在 JTS-MF 中令 α、$\gamma=0$；
- JTS-MF（V）只考虑了投票的相似性，即在 JTS-MF 中令 α、$\beta=0$；

⊖ 代码地址：https://github.com/hwwang55/JTS-MF。

- MostPop 为用户推荐最热门的物品，即参与人数最多的投票；
- Basic-MF[131] 忽略了其他所有辅助信息，只对用户-投票交互矩阵进行矩阵分解；
- Topic-MF[125] 和 JTS-MF 类似。我们在使用式(4-9)、式(4-11)和式(4-13)计算相似度时，将 e_d 替换 Θ_d。注意到 Θ_d 可以视为文档的一种基于话题的特征。因此，Topic-MF 只考虑了文档之间的话题相似度。
- Semantic-MF 也和 JTS-MF 相似。我们使用 Skip-Gram[68] 模型去直接学习词向量。因此，Semantic-MF 只考虑了文档之间的语义相似度。

我们使用 GibbsLDA++㊀，一种使用吉布斯采样的开源 LDA 实现来计算 JTS-MF 和 Topic-MF 模型中的词与文档的话题信息。我们将话题的数目设置为 50，其他 LDA 的参数都为默认值。对于 JTS-MF 和 Semantic-MF 中的词向量模型，我们的设置如下：词向量维度是 50，窗口大小是 5，负样本数量是 3。

对于所有基于矩阵分解的模型，我们设置学习率为 $\delta=0.001$，正则化权重为 $\lambda=0.5$。另外，我们设置式(4-16)中的 $I_m=0.01$。考虑到实验结果和运行时间的均衡，我们设置模型的运行轮数为 200。我们随机选择了数据集中 20% 的记录作为测试集，将剩下的集合作为训练集来训练 JTS-MF 和

㊀ GibbsLDA++：http://gibbslda.sourceforge.net。

所有基准方法。剩下的超参数的选择（权重系数 α、β、γ 和特征维度 dim）将会在 4.4.3 节中讨论。我们选 Recall@ k、Precision@ k 和 Micro-F1@ k 作为评价指标。

4.4.2 实验结果

4.4.2.1 收敛性的研究

为了研究 JTS-MF 模型的收敛特性，我们将 JTS-MF 和一些基准方法运行了 200 轮：JTS-MF （S）($\alpha=10$)，JTS-MF（G）($\beta=140$)，JTS-MF （V）（ $\gamma=30$ ），JTS-MF （ $\alpha=10$，$\beta=140$，$\gamma=30$ ）。另外，对于所有方法，dim = 10。然后我们每隔 10 轮计算 Recall@ 10 指标。结果如图 4-6 所示。从中我们可以看出，JTS-MF 的召回率在 100 轮之前快速上升，在大约 150 轮之后开始震荡。JTS-MF 的所有弱化版本的规律也是类似。因此，在所有实验中，我们将总运行轮数设置为 200。

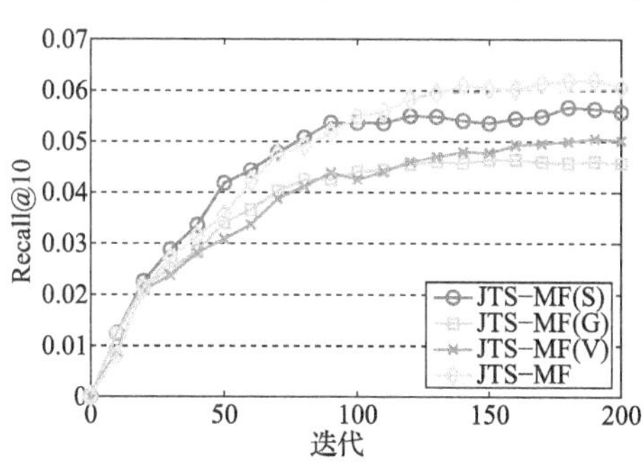

图 4-6　Recall@10 指标评价下的 JTS-MF 模型的收敛性

4.4.2.2 JTS-MF 模型的性能表现

为了研究 JTS-MF 模型的性能和 3 种相似度的有效性，我们在微博投票数据集上运行了 JTS-MF 及其 3 种弱化版本，并计算了 Recall、Precision 和 Micro-F1 的结果，如图 4-7 所示。α、β、γ 和 dim 的设置和 4.4.2.1 节相同。图 4-7a、图 4-7b 和图 4-7c 一致表明 JTS-MF(S) 表现最好，而 JTS-MF(G) 表现最差。注意到 JTS-MF(S) 只考虑了用户的社交相似性，JTS-MF(G) 只考虑了用户的群组相似性。因此，我们可以得出结论：在确定用户的投票兴趣时，社交朋友比群组朋友更有价值。这也和我们的直觉相符合，因为一个用户的群组朋友远多于其社交朋友，这无疑会带来噪声，从而稀释了群组朋友的价值。另外，图 4-7 的结果也证明了投票相似度的有效性。最后，我们可以看出 JTS-MF 模型的表现超越了它的 3 个弱化版本，这证实了 JTS-MF 模型可以很好地结合 3 种相似度，并取得更好的性能表现。

4.4.2.3 模型对比

为了进一步比较 JTS-MF 模型和基准方法，我们将 k 从 1 变化至 500，并将结果展示在表 4-2 中。JTS-MF 及其弱化版本的 α、β 和 γ 的设置与 4.4.2.1 节相同。Topic-MF 的参数设置为 $\alpha=2$，$\beta=60$，$\gamma=15$；Semantic-MF 的参数设置为 $\alpha=8$，$\beta=120$，$\gamma=20$；对于所有基于矩阵分解的方法，dim=

10。以上参数设置都是给定 dim 情况下的最优设置。从表 4-2 中我们有几点观察：

- MostPop 在所有方法中表现最差。因为 MostPop 只是简单地推荐最流行的投票，没有考虑用户的兴趣。
- Topic-MF 和 Semantic-MF 的表现超越了 Basic-MF，这证明话题和语义相似度的使用确实有益于推荐效果。另外 Semantic-MF 比 Topic-MF 表现更好，这表明在短文本表征方面，语义信息比话题信息更有效。

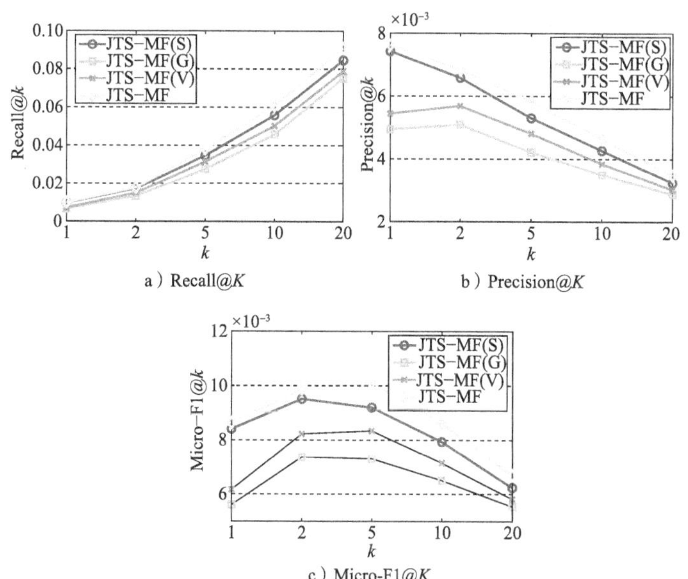

图 4-7　JTS-MF 模型及其 3 种弱化版本的实验结果

表 4-2 JTS-MF 及所有基准方法的 Recall@K、Precision@K 和 Micro-F1@K 的结果

模型	指标	k							
		1	2	5	10	20	50	100	500
JTS-MF（S）	Recall	0.009 7	0.017 2	0.034 6	0.055 8	0.084 6	**0.152 9**	**0.222 9**	**0.439 2**
	Precision	0.007 416	0.006 575	0.005 300	0.004 271	0.003 238	**0.002 341**	**0.001 707**	**0.000 672**
	Micro-F1	0.008 401	0.009 511	0.009 192	0.007 935	0.006 238	**0.004 612**	**0.003 387**	**0.001 343**
JTS-MF（G）	Recall	0.006 5	0.013 3	0.027 5	0.045 7	0.075 2	0.136 0	0.205 1	0.421 6
	Precision	0.004 944	0.005 092	0.004 212	0.003 500	0.002 877	0.002 082	0.001 570	0.000 645
	Micro-F1	0.005 601	0.007 365	0.007 306	0.006 503	0.005 542	0.004 102	0.003 116	0.001 289
JTS-MF（V）	Recall	0.007 1	0.014 9	0.031 4	0.050 2	0.078 9	0.138 7	0.204 9	0.417 6
	Precision	0.005 439	0.005 685	0.004 805	0.003 846	0.003 021	0.002 124	0.001 568	0.000 639
	Micro-F1	0.006 161	0.008 223	0.008 335	0.007 145	0.005 819	0.004 184	0.003 112	0.001 277
JTS-MF	Recall	**0.009 9**	**0.017 8**	**0.038 1**	**0.060 6**	**0.090 8**	0.152 0	0.218 7	0.429 7
	Precision	**0.007 614**	**0.006 823**	**0.005 834**	**0.004 637**	**0.003 475**	0.002 327	0.001 674	0.000 658
	Micro-F1	**0.008 625**	**0.009 868**	**0.010 118**	**0.008 615**	**0.006 695**	0.004 585	0.003 322	0.001 314

（续）

MostPop	Recall	0. 004 2	0. 008 5	0. 019 1	0. 031 3	0. 051 7	0. 097 4	0. 145 5	0. 308 6
	Precision	0. 003 221	0. 003 261	0. 002 921	0. 002 403	0. 001 972	0. 001 482	0. 001 119	0. 000 469
	Micro-F1	0. 003 637	0. 004 721	0. 005 062	0. 004 468	0. 003 804	0. 002 925	0. 002 218	0. 000 937
Basic-MF	Recall	0. 006 3	0. 012 9	0. 027 4	0. 044 6	0. 072 7	0. 136 8	0. 205 0	0. 419 8
	Precision	0. 004 845	0. 004 944	0. 004 192	0. 003 411	0. 002 783	0. 002 094	0. 001 569	0. 000 643
	Micro-F1	0. 005 489	0. 007 151	0. 007 271	0. 006 337	0. 005 361	0. 004 125	0. 003 114	0. 001 283
Topic-MF	Recall	0. 007 6	0. 014 7	0. 031 1	0. 049 5	0. 078 1	0. 139 5	0. 207 6	0. 421 0
	Precision	0. 005 834	0. 005 636	0. 004 766	0. 003 787	0. 002 991	0. 002 136	0. 001 589	0. 000 644
	Micro-F1	0. 006 609	0. 008 152	0. 008 266	0. 007 035	0. 005 761	0. 004 207	0. 003 154	0. 001 287
Semantic-MF	Recall	0. 009 3	0. 016 9	0. 033 3	0. 054 5	0. 086 0	0. 147 1	0. 214 2	0. 429 3
	Precision	0. 007 120	0. 006 476	0. 005 102	0. 004 173	0. 003 293	0. 002 252	0. 001 639	0. 000 657
	Micro-F1	0. 008 065	0. 009 368	0. 008 849	0. 007 752	0. 006 342	0. 004 437	0. 003 254	0. 001 313

- JTS-MF 比 Topic-MF 和 Semantic-MF 的表现都要更好。这证实了我们之前的论断，即结合话题和语义信息可以进一步提升模型性能。
- 对于较小的 k 而言，JTS-MF 的优势更加明显。但是这种优势会随着 k 增大而减小，而且当 $k \geqslant 50$ 时 JTS-MF 甚至还要稍弱于 JTS-MF(S)。但是我们依然认为 JTS-MF 的表现更为优秀，因为在现实场景中一个推荐系统通常只会给用户推荐一个小规模的物品集合。

4.4.3 超参数敏感性

我们在本节研究 JTS-MF 的超参数敏感性。特别地，我们研究权重系数 α、β、γ 和特征维度 dim 是如何影响性能的。

4.4.3.1 权重系数

我们固定 dim = 10，保持其他两个权重系数为 0，然后变化剩下的权重系数。Recall@10 指标的结果如图 4-8a、图 4-8b 和图 4-8c 所示。从图 4-8a 中我们可以看出，当 α 增大时，Recall@10 指标也在持续增大。当 $\alpha = 10$ 时达到最大值 0.055 8。这表明用户的社交相似度的引入对推荐性能确实有提高作用。但是当 α 过大时（$\alpha = 12$），JTS-MF 的性能开始退化。图 4-8b 和图 4-8c 中也有相似的现象。根据实验结果，当另外两个权重系数设置为 0 时，Recall@10 在 $\alpha = 10$、

$\beta=140$、$\gamma=30$ 时达到最优。因此我们在前面的实验中为 JTS-MF(S)、JTS-MF(G) 和 JTS-MF(V) 设置为这样的参数配置，且我们在 JTS-MF 中使用它们的组合。

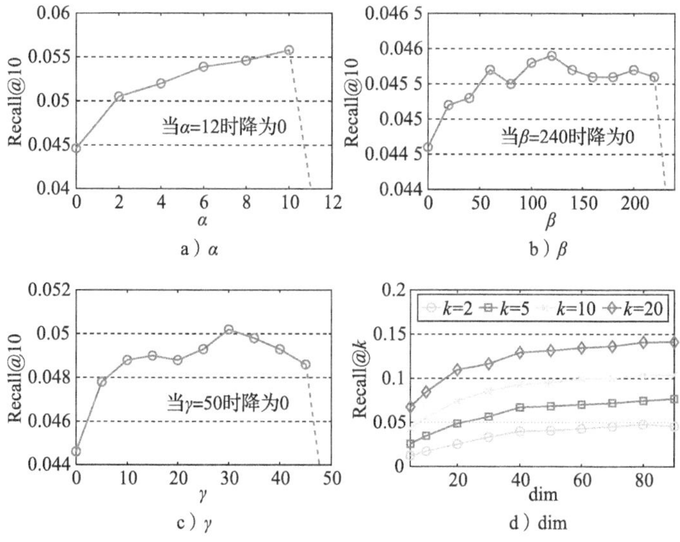

图 4-8　JTS-MF 的超参数敏感性

4.4.3.2　特征维度

我们固定 $\alpha=10$、$\beta=0$、$\gamma=0$，并将特征的维度从 5 变化至 90，结果如图 4-8d 所示。从图中我们可以看出，Recall 指标一开始随着 dim 的增大而增大，这是因为一个较大的特征维度有更多的空间和能力来刻画用户和投票。但是一个大的 dim 需要更多的运行时间，而且我们注意到性能提升在 dim

达到 80 后已经趋于停滞。出于综合考虑，在我们的实验中设置 dim = 10 以保证实验可以在合理的时间内完成。

4.5 本章小结

本章以微博投票推荐为例，研究了如何使用基于结构的方法在推荐系统中融入社交网络信息。我们首先进行了实证研究，证明了社交网络结构与用户投票行为的相关性。随后，为了克服已有的话题模型和语义模型在学习投票问题文本特征时的缺陷，我们提出了 TEWE 模型来联合考虑词汇与文档的话题和语义信息。我们接着提出了 JTS-MF 模型，一种社交-话题-语义感知的联合矩阵分解模型来学习用户和投票特征。JTS-MF 模型充分考虑了一个用户在社交网络中的结构信息，包括他的关注对象、追随者及参与的群组。我们在微博投票数据集上进行了大量的实验来验证 JTS-MF。实验结果证明，JTS-MF 的性能相比于基准方法有明显的提高；同时，使用额外的社交网络（以及话题、语义信息）对推荐效果确实有明显的帮助。

第 5 章

知识图谱辅助的推荐系统——基于特征的方法

5.1 引言

在前 3 章中，我们分别研究了应用于推荐系统交互图的网络特征学习方法和社交网络辅助的推荐系统。在推荐系统中，除了用户-物品交互图和用户端的社交网络之外，物品端也可能会存在一种特殊的网络结构，叫作**知识图谱**（knowled gegraph）。例如，在电影推荐中，电影本身就是知识图谱中的一个实体，在知识图谱中会和很多其他实体相连接，例如导演、演员、类别、国家等（如图 5-1 所示）。在新闻推荐中，新闻文本通常也会包含丰富的知识实体信息（如图 5-2 所示）。物品端的知识图谱极大地扩展了物品的信息，强化了物品之间的联系，为推荐提供了丰富的参考价值。同时，知识图谱还能为推荐结果带来额外的多样性（diversity）和可解释性（explainability）。而且，和社交网络相比，知识图谱是一种异构网络（heterogeneous network），因此针对知识图谱的算法设计要更复杂和精巧。本章和第 6 章将研究知识图谱辅助的推荐系统。和前两章类似，本章主要关注于基于特征的方法，第 6 章将研究基于结构的方法。

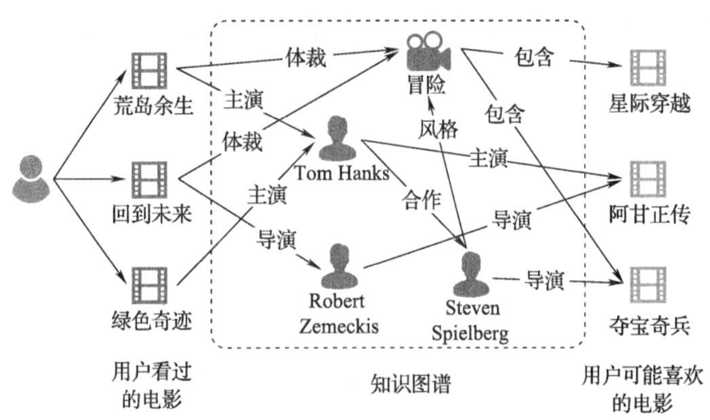

图 5-1　电影推荐场景中的知识图谱

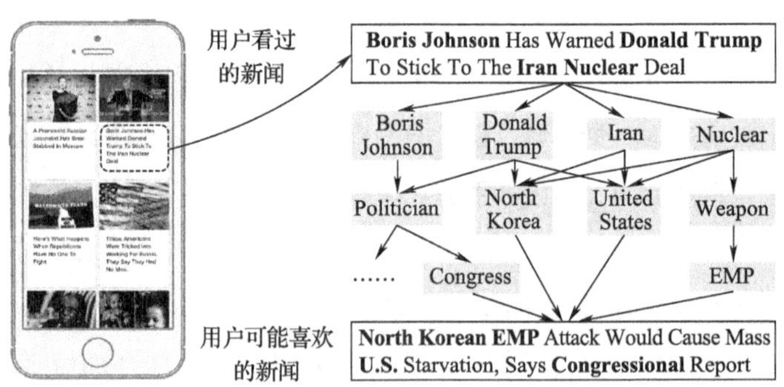

图 5-2　两条通过知识实体相连的新闻

基于特征的知识图谱辅助的推荐算法的核心是**知识图谱特征学习**（Knowledge Graph Embedding，KGE）的引入。一般而言，知识图谱是一个由三元组（head,relation,tail）组成的异构网络。由于知识图谱天然的高维性和异构性，一种有效的方法是首先使用知识图谱特征学习对其进行处理，从而得到实体和关系的低维稠密向量表示。这些低维的向量表示可以较为简单和自然地与推荐系统进行结合和交互。在这种处理框架下，推荐系统和知识图谱特征学习事实上就变成了两个相关的任务。相应地，我们也有不同的结合这两个任务的手段（如图 5-3 所示），即**依次学习法**（one-by-one learning）和**交替学习法**（alternate learning）。

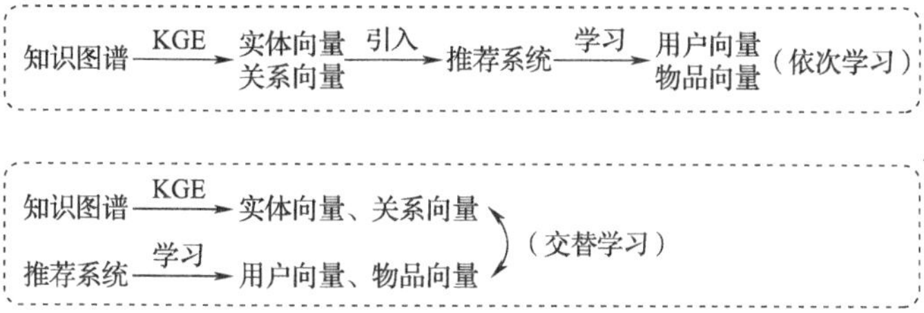

知识图谱 —KGE→ 实体向量 关系向量 —引入→ 推荐系统 —学习→ 用户向量 物品向量（依次学习）

知识图谱 —KGE→ 实体向量、关系向量
推荐系统 —学习→ 用户向量、物品向量
（交替学习）

图 5-3 基于特征的知识图谱辅助的推荐系统中，结合知识图谱特征学习任务和推荐系统任务的两种手段

◆ 依次学习法

依次训练法首先使用知识图谱特征学习得到知识图谱中的实体向量和关系向量，然后将这些低维向量引入推荐系统，学习得到用户向量和物品向量。在本章中，我们将以

新闻推荐为例介绍依次学习法的应用。随着互联网的迅速发展，人们的新闻阅读习惯也逐渐由传统媒体（新闻、电视）转移到互联网上。在线新闻网站，如谷歌新闻㊀或必应新闻㊁，从多个新闻来源中收集新闻并提供给用户。为了避免新闻数量过多引起的信息超载问题，如何使用新闻推荐算法进行个性化推荐就成为一个关键问题[132-137]。

一般而言，新闻推荐有 3 个主要的挑战：①和电影或餐馆不同，新闻通常是高度时间敏感的，新闻的时效性会在短期内快速衰减。过时的新闻会频繁地被新的新闻替代，这使得传统的基于 ID 的方法（例如协同过滤[138]）很难奏效。②用户对新闻阅读通常是话题敏感的，一个用户通常会对一些特定的新闻类型感兴趣。在给定一篇候选新闻时，如何基于一个用户的阅读历史来动态地衡量他的偏好是新闻推荐系统的关键问题。③新闻的语言通常高度浓缩，且包含了大量的知识实体和常识。例如，如图 5-2 所示，一个用户点击了一条新闻“Johnson Has Warned Donald Trump To Stick To The Iran Nuclear Deal”，其中包含了 4 个知识实体：“Boris Johnson”“Donald Trump”“Iran”和“Nuclear”。事实上，该用户很有可能会对另一条新闻“North Korean EMP Attack Would Cause Mass U. S. Starvation, Says Congressional Report”感兴

㊀ https://news.google.com/。

㊁ https://www.bing.com/news。

趣，因为它和上一条新闻有很多共同的上下文知识（虽然它们的标题中并没有共同的词汇）。然而，传统的语义模型[68]或话题模型[125]只能基于词汇的共现（co-occurrence）或聚类（clustering）结构来计算文档的相关性，而无法发现这种隐含的、知识层面的联系。这样的后果是一个用户的阅读模式会被限制在一个很小的范围中而无法得到合理的扩展。

为了刻画新闻之间深层的逻辑关系，有必要在新闻推荐中引入知识图谱。在本章中，我们提出了 DKN（Deep Knowledge-aware Network）模型来使用外部知识辅助新闻推荐。DKN 是一个基于内容的（content-based）CTR 预测模型，它读取一个用户和一条新闻作为输入并输出预估的点击概率。DKN 模型也是依次学习法的代表：我们首先收集数据集里新闻标题中出现过的所有实体，并构建出一个知识图谱。然后，我们应用知识图谱特征学习方法，对每个实体学习得到一个向量表示（实体向量）。对于一条新闻，我们将其标题中的每个单词链接到知识图谱中的一个实体（如果存在的话），然后设计了一个**知识感知的卷积神经网络**（Knowledge-aware Convolutional Neural Networks，KCNN）来融合单词的词向量和实体向量，并得到新闻标题的最终向量表示。和已有工作[139]不同，KCNN 有两个特点：①多通道（multi-channel），和图片中的三通道类似，KCNN 将词向量和实体向量视为多个堆叠的通道；②单词-实体对齐（word-entity-aligned)。KCNN 在多通道中将同个单词的不同表示进行对齐，以进行后续的表征融合。

基于 KCNN，我们得到了每个新闻标题的一种知识感知的表示向量。给定一条候选新闻，为了动态地聚合用户的历史兴趣，DKN 中设计了一种**注意力机制**（attention mechanism）模块来自动将候选新闻与用户的历史点击记录进行匹配，并加权聚合用户的历史作为其表示向量。用户的表示向量和候选新闻的表示向量最终被输入一个神经网络中进行点击率预测。

◆ **交替学习法**

交替学习法将知识图谱特征学习和推荐系统视为两个分离但又相关的任务，使用**多任务学习**（Multi-Task Learning, MTL）的框架进行交替学习。在本章中，我们研究一个通用的、基于多任务学习的“知识图谱+推荐系统”框架 MKR (Multi-task learning for Knowledge graph enhanced Recommendation)。MKR 的目标是使用知识图谱特征学习任务辅助推荐系统任务。[⊖]注意到这两个任务并非互相独立，而是高度相关，因为推荐系统中的一个物品可能和知识图谱中的一个或多个实体相连。因此，一个物品和它相关联的实体可能会在推荐系统交互图中和知识图谱中有相似的邻近关系结构，并

⊖ 知识图谱特征学习任务也可以从推荐系统任务中获益。我们将在实验部分予以展示。

且在隐含的向量空间中共享相似的特征[140]。为了对物品和实体之间的共享特征进行建模，我们在 MKR 中设计了一个**交叉压缩单元**（cross & compress unit）。交叉压缩单元可以显式地模拟物品和实体特征的高阶交互，并且自动控制两个任务之间的知识迁移。通过交叉压缩单元，物品和实体的特征可以相互补充，辅助这两个任务避免过拟合，提高泛化能力。

MKR 是交替学习法的代表：在训练过程中，我们首先固定知识图谱特征学习任务的参数，在推荐系统任务上进行参数更新和优化；然后两者互换，推荐系统任务的参数被固定，知识图谱特征学习任务的参数被更新。这种学习方式类似于交替最小二乘法（Alternating Least Square，ALS），只不过，在实际操作中，由于两个任务的重要程度不同，两者的更新频率并不一定相同。我们会在后续部分进行详述。

我们探究了 MKR 的表现能力，并通过理论分析证明交叉压缩单元可以模拟物品和实体之间足够高阶的特征交互。我们也阐述了 MKR 是若干种有代表性的推荐算法或多任务学习算法的一般版本。最后，我们在 3 个推荐场景中验证了 MKR 的性能，即电影推荐、图书推荐和新闻推荐。实验结果表明 MKR 相比于基准方法有明显的性能提升，无论是 CTR 预估任务（例如，电影推荐场景中平均有 12.3%的 AUC 指标提升）还是 top-K 推荐任务（例如，图书推荐场景中平均有 60.3%的 F1@5 指标提升）。

5.2 预备知识

5.2.1 知识图谱特征学习

一个典型的知识图谱包含了数百万条“实体-关系-实体”的三元组 (h,r,t)，其中 h、r、t 分别代表了一个三元组的头节点、关系、尾节点。给定知识图谱中所有的三元组，知识图谱特征学习的目的是要为每个实体和向量都学习得到一个低维特征表示，并且保留原有的知识图谱的结构信息。近年来，知识图谱特征学习中的一种基于翻译的方法，由于其简洁的模型和优越的性能，引起了很多关注。我们在本节中简单介绍基于翻译的方法。

- TransE[82] 希望满足 $\boldsymbol{h}+\boldsymbol{r}\approx\boldsymbol{t}$，如果 (h,r,t) 是一个三元组的话。其中 $\boldsymbol{h}$、$\boldsymbol{r}$、$\boldsymbol{t}$ 分别是 h、r、t 的表示向量。因此，如果 (h,r,t) 是一个三元组的话，TransE 希望下面的评分函数

$$f_r(h,t)=\|\boldsymbol{h}+\boldsymbol{r}-\boldsymbol{t}\|_2^2 \tag{5-1}$$

尽可能低。

- TransH[83] 希望实体在不同的关系中有不同的表示。因此 TransH 将实体向量投影到关系的超平面上：

$$f_r(h,t)=\|\boldsymbol{h}_{\perp}+\boldsymbol{r}-\boldsymbol{t}_{\perp}\|_2^2 \tag{5-2}$$

其中 $\boldsymbol{h}_\perp=\boldsymbol{h}-\boldsymbol{w}_r^{\mathrm{T}}\boldsymbol{h}\boldsymbol{w}_r$ 和 $\boldsymbol{t}_\perp=\boldsymbol{t}-\boldsymbol{w}_r^{\mathrm{T}}\boldsymbol{t}\boldsymbol{w}_r$ 分别是 $\boldsymbol{h}$ 和 $\boldsymbol{t}$ 在超平面 $\boldsymbol{w}_r$ 的投影。$\|\boldsymbol{w}_r\|_2=1$。

- TransR[84] 为每个关系 r 引入了一个投影矩阵 $\boldsymbol{M}_r$，用来将实体向量投影到相应的关系空间。TransR 的评分函数定义为

$$f_r(h,t)=\|\boldsymbol{h}_r+\boldsymbol{r}-\boldsymbol{t}_r\|_2^2 \tag{5-3}$$

其中 $\boldsymbol{h}_r=\boldsymbol{h}\boldsymbol{M}_r$，$\boldsymbol{t}_r=\boldsymbol{t}\boldsymbol{M}_r$。

- TransD[141] 将 TransR 中的投影矩阵做了一个更复杂的替换：

$$f_r(h,t)=\|\boldsymbol{h}_\perp+\boldsymbol{r}-\boldsymbol{t}_\perp\|_2^2 \tag{5-4}$$

其中 $\boldsymbol{h}_\perp=(\boldsymbol{r}_p\boldsymbol{h}_p^{\mathrm{T}}+\boldsymbol{I})\boldsymbol{h}$，$\boldsymbol{t}_\perp=(\boldsymbol{r}_p\boldsymbol{t}_p^{\mathrm{T}}+\boldsymbol{I})\boldsymbol{t}$，$\boldsymbol{h}_p$、$\boldsymbol{r}_p$ 和 $\boldsymbol{t}_p$ 是实体和关系的另一套向量，$\boldsymbol{I}$ 是单位矩阵。

为了拉开正确的三元组和错误的三元组之间的分值的差异，对于上述所有方法，我们都采用如下基于边际的排序损失（margin-based ranking loss）函数进行训练：

$$\mathcal{L}=\sum_{(h,r,t)\in\Delta}\sum_{(h',r,t')\in\Delta'}\max(0,f_r(h,t)+\gamma-f_r(h',t')) \tag{5-5}$$

其中 γ 是边际（margin），Δ 和 Δ' 是正确的三元组和错误的三元组的集合。

5.2.2 用于语句特征学习的卷积神经网络

传统方法[96,142] 通常使用词袋（Bag-Of-Words，BOW）模

型表示语句，即将词汇的出现频次作为一句话的特征。然而，基于词袋模型的方法忽略了词汇在句子中的出现顺序，同时也容易受到稀疏性问题的影响。一种更有效的方法是将一句话表示成一个低维向量。近年来，受到卷积神经网络（CNN）在计算机视觉领域的成功应用[143]的启发，研究者们也提出了很多基于 CNN 的方法进行语句特征学习[144-147] ㊀。在本节中我们介绍一种典型的 CNN 结构，叫作 Kim CNN[144]。

图 5-4 展示了 Kim CNN 的结构。我们记 $\boldsymbol{w}_{1:n}$ 为一个长度为 n 的句子，记 $\boldsymbol{w}_{1:n}=[\boldsymbol{w}_1\boldsymbol{w}_2\cdots\boldsymbol{w}_n]\in\mathbb{R}^{d\times n}$ 为该句的词向量矩阵，其中 $\boldsymbol{w}_i\in\mathbb{R}^{d\times 1}$ 是该句的第 i 个单词的词向量，d 是词向量的维度。我们将一个具有卷积核 $\boldsymbol{h}\in\mathbb{R}^{d\times l}$ 的卷积操作应用到词向量矩阵 $\boldsymbol{w}_{1:n}$ 上，其中 l（$l\leqslant n$）是卷积核的窗口大小。具体来说，我们用如下的方式从子矩阵 $\boldsymbol{w}_{i:i+l-1}$ 中得到一个特征 c_i：

$$c_i=f(\boldsymbol{h}*\boldsymbol{w}_{i:\,i+l-1}+b) \tag{5-6}$$

其中 f 是非线性函数，$*$ 是卷积算子，$b\in\mathbb{R}$ 是偏置参数。在将该卷积核应用到词向量矩阵的每一个可能的位置之后，我们就得到了如下的特征组（feature map）：

㊀ 研究者们也为语句建模提出了其他模型，比如循环神经网络[148]、递归神经网络[149]以及混合模型[150]。然而，基于 CNN 的模型在实验中的效果被证明优于其他模型[151]，因为 CNN 中卷积操作可以检测和提取语句中的特定的局部模式。我们在本节中只讨论基于 CNN 的模型。

$$\boldsymbol{c} = [c_1, c_2, \cdots, c_{n-l+1}] \tag{5-7}$$

然后我们再对特征组 $\boldsymbol{c}$ 使用一个最大池化（max pooling）操作来获得其中最显著的特征：

$$\tilde{c} = \max\{\boldsymbol{c}\} = \max\{c_1, c_2, \cdots, c_{n-l+1}\} \tag{5-8}$$

我们可以使用多个卷积核（窗口大小可能不同）来获得多个特征。这些特征被拼接到一起，作为该句子的最终特征。

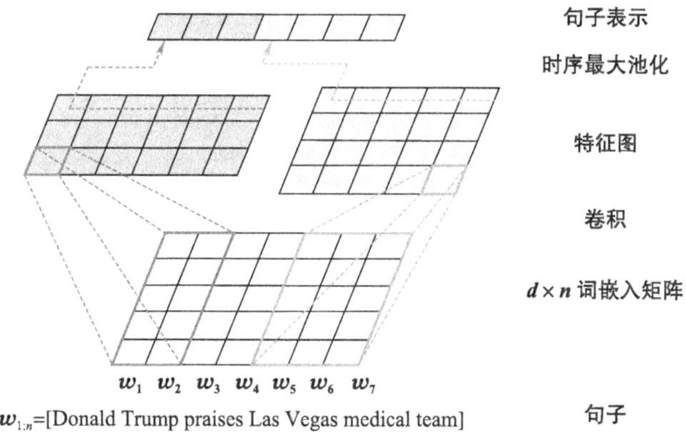

图 5-4 语句特征学习中的一种经典的卷积神经网络结构

5.3 知识图谱辅助的推荐系统的问题描述

我们首先将新闻推荐问题形式化如下：给定在线新闻平台上的一个用户 i，我们将他的点击历史记作 $\{t_1^i, t_2^i, \cdots, t_{N_i}^i\}$，其中 $t_j^i(j=1,\cdots,N_i)$ 是用户 i 点击过的第 j 条新闻的标题[㊀]，N_i 是用户 i 点击过的新闻总数。每个新闻标题 t 都由一个单词序列构成，例如，$t=[w_1,w_2,\cdots]$，其中每个单词 w 都可能和知识图谱中的一个实体 e 相关联。例如，在标题“Trump praises Las Vegas medical team”中，“Trump”和实体“Donald Trump”相关联，而“Las”和“Vegas”与实体“Las Vegas”相关联。给定用户的点击记录以及单词和实体的关联，我们的目标是预测用户 i 是否会点击一条他从未看过的新闻 t_j。

更一般的知识图谱辅助的推荐系统的问题可以被这样描述（该问题描述也适用于第 6 章）：在一个典型的推荐系统中，我们有一个 M 个用户的集合 $\mathcal{U}=\{u_1,u_2,\cdots,u_M\}$ 和一个 N 个物品的集合 $\mathcal{V}=\{v_1,v_2,\cdots,v_N\}$。用户-物品的交互矩阵被记为 $\boldsymbol{Y}\in\mathbb{R}^{M\times N}$。交互矩阵是由用户的隐式反馈定义的，其中 $y_{uv}=1$ 表示用户 u 和 v 有交互记录，例如点击、观看、浏览、购买等行为；否则 $y_{uv}=0$。另外我们还有一个知识图谱 $\mathcal{G}=(\mathcal{E},\mathcal{R})$，它由三元组 (h,r,t) 构成。这里 $h\in\mathcal{E}$、$r\in\mathcal{R}$、$t\in\mathcal{E}$ 分别表示三元组的头节点、关系、尾节点，$\mathcal{E}$ 和 $\mathcal{R}$ 表示知识图谱的实体和关系的集合。例如，三元组（Quentin Tarantino, film. director. film, Pulp Fiction）反映的事实是，Quen-

---

㊀ 除了标题之外，新闻的摘要（abstract）或者预览（snippet）也是可用的信息。在本节中，我们只使用新闻标题作为输入，因为标题通常是用户是否阅读新闻的决定性因素。但是 DKN 事实上可以用在任何新闻相关的文本上。

tin Tarantino 是电影 Pulp Fiction 的导演。在很多推荐场景中，一个物品 $v \in \mathcal{V}$ 可能和一个（或多个）知识图谱中的实体 $e \in \mathcal{E}$ 相关联。例如，在电影推荐中，物品“Pulp Fiction”和它在知识图谱中的同名实体相关联；而在新闻推荐中，新闻“Trump pledges aid to Silicon Valley during tech meeting”则与实体“Donald Trump”和“Silicon Valley”相关联。给定用户-物品的交互矩阵 $\boldsymbol{Y}$ 和知识图谱 $\mathcal{G}$，我们的目标是预测用户 u 是否对一个他之前没有过交互的物品 v 有潜在的兴趣。形式化地说，我们的目标是学习一个预测函数 $\hat{y}_{uv} = \mathcal{F}(u, v \mid \boldsymbol{\Theta}, \boldsymbol{Y}, \mathcal{G})$，其中 $\hat{y}_{uv}$ 表示模型预测的用户 u 和物品 v 有交互的概率，$\boldsymbol{\Theta}$ 表示函数 $\mathcal{F}$ 的参数。

5.4 依次学习法

5.4.1 知识提取

依次学习法首先需要从知识图谱中学习每个实体的特征。在本节中，我们介绍知识提取的一般步骤。如图 5-5 所示，知识提取一般包含 4 个步骤。首先，为了从新闻文本中识别出实体，我们使用实体连接（entity linking）[152,153] 的方法将单词和实体进行连接并进行消歧。给定已经识别出的实体集合，我们从原始的知识图谱中构造出一个知识图谱子

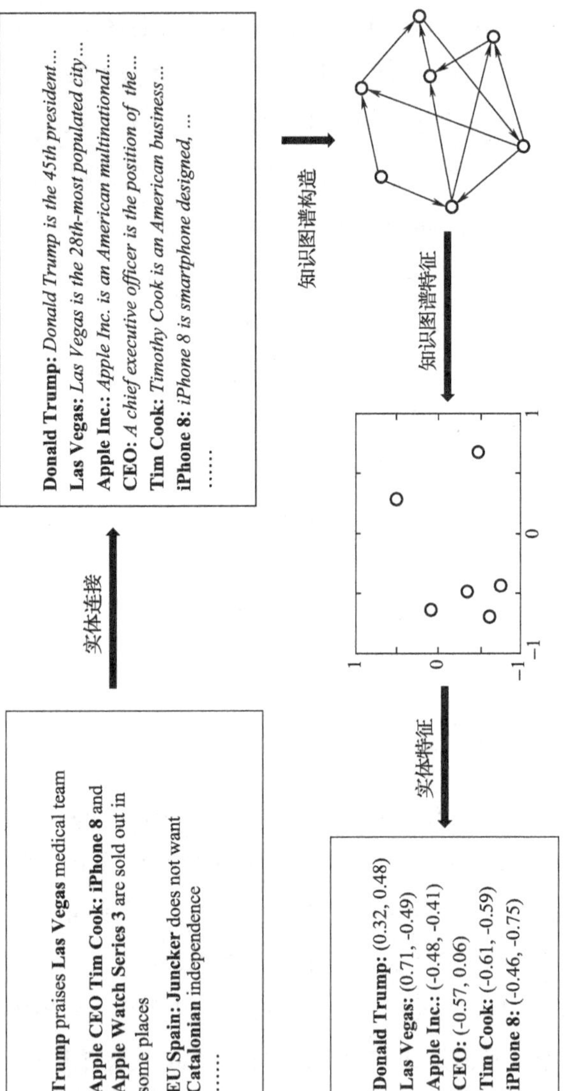

Trump praises Las Vegas medical team
Apple CEO Tim Cook: iPhone 8 and Apple Watch Series 3 are sold out in some places
EU Spain: Juncker does not want Catalonian independence
……
实体连接
Donald Trump: Donald Trump is the 45th president…
Las Vegas: Las Vegas is the 28th-most populated city…
Apple Inc.: Apple Inc. is an American multinational…
CEO: A chief executive officer is the position of the…
Tim Cook: Timothy Cook is an American business…
iPhone 8: iPhone 8 is smartphone designed, …
……
知识图谱构造
知识图谱特征
1
0
−1
实体特征
Donald Trump: (0.32, 0.48)
Las Vegas: (0.71, -0.49)
Apple Inc.: (-0.48, -0.41)
CEO: (-0.57, 0.06)
Tim Cook: (-0.61, -0.59)
iPhone 8: (-0.46, -0.75)

图 5-5 依次学习法中的知识提取

图，并从原图中抽取所有这些实体之间的边。注意到这种边的数目可能相对较少且缺乏多样性，因此，我们将该子图扩展一跳（hop)，即再引入所有和这些实体距离为 1 的实体(及相关的边)。给定这个扩展后的子图，我们可以使用知识图谱特征学习方法，诸如 TransE[82]、TransH[83]、TransR[84]或 TransD[141] 等，来处理该子图并获得实体向量（entity embedding)。学习到的实体向量会被作为后续 KCNN 的输入。

需要注意的是，尽管知识图谱特征学习方法一般都可以保存原图的结构信息，我们发现为实体学习到的单个向量在后续应用到推荐系统中依然存在信息损失。为了更好地在知识图谱中定位实体，我们也为每个实体提取其额外的上下文信息。一个实体 e 的“上下文”是指它在知识图谱中的邻居的集合，即

$$context(e) = \{e_i \mid (e,r,e_i) \in \mathcal{G} \text{或} (e_i,r,e) \in \mathcal{G}\} \quad (5\text{-}9)$$

由于上下文实体通常和当前实体有着紧密的语义与逻辑联系，上下文的使用也会为当前实体提供更多互补的信息，并辅助对当前实体的标识。图 5-6 展示了上下文实体的例子。除了使用“Fight Club”本身的特征表示该实体之外，我们也使用了它的上下文，例如“Suspense”（类别)、“Brad Pitt”(演员)、“United States”（国家）和“Oscars”（奖项）作为它的标识符。实体 e 的上下文向量（context embedding）可以被定义为它的上下文实体的向量的平均值：

$$\bar{e} = \frac{1}{|\text{context}(e)|} \sum_{e_i \in \text{context}(e)} \boldsymbol{e}_i \tag{5-10}$$

其中 $\boldsymbol{e}_i$ 是实体 e_i 的向量表示。我们会在实验部分验证上下文向量的有效性。

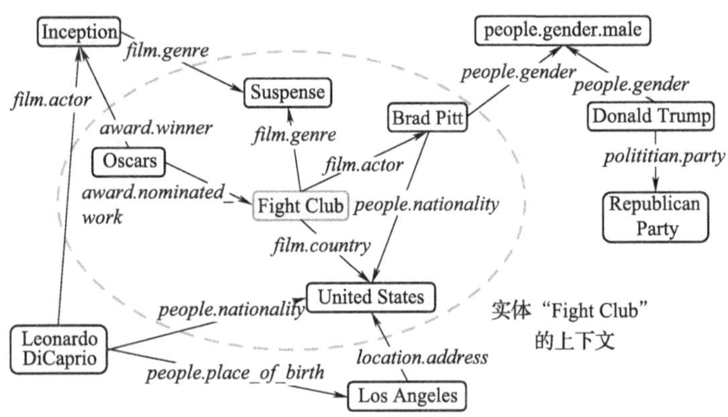

图 5-6　知识图谱中一个实体的上下文实体

5.4.2　知识感知的卷积神经网络

在得到每个实体的实体向量（entity embedding）和上下文向量（context embedding）之后，下一步是将其应用到推荐系统中。DKN 的整体框架如图 5-7 所示，其主要包含了两个关键模块：知识感知的卷积神经网络（KCNN）和基于注意力机制的用户历史兴趣聚合模块（attention network）。在本节和下一节中我们分别对这两个模块进行介绍。

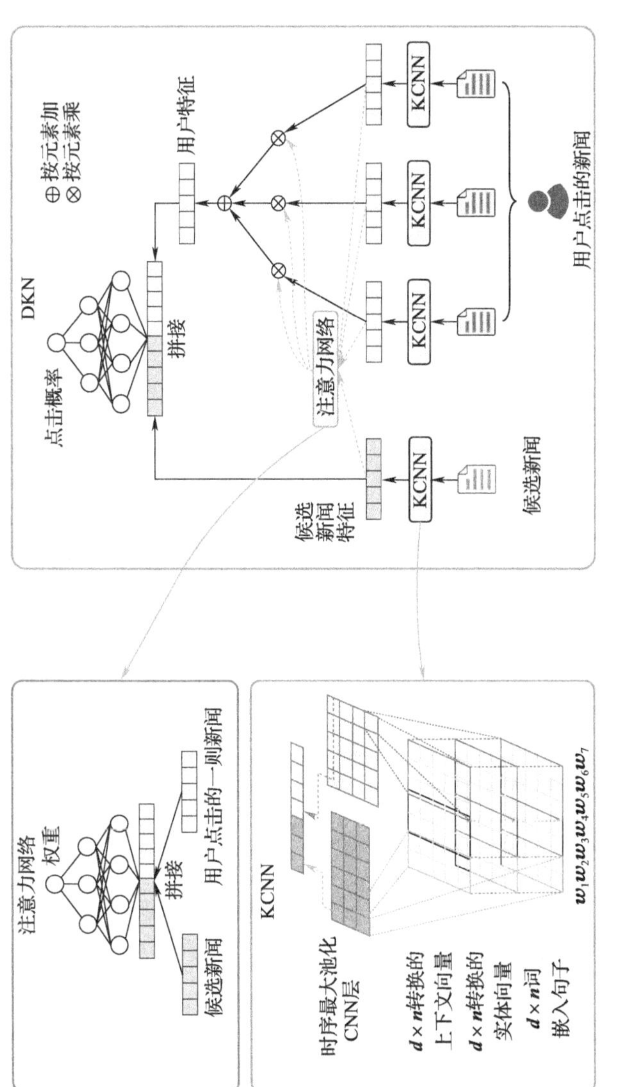

图 5-7 DKN 模型的整体框架

沿用5.2.2节的记号，我们使用 $t = w_{1:n} = [w_1, w_2, \cdots, w_n]$ 来表示一个长度为 n 的新闻标题 t 的单词序列，$\boldsymbol{w}_{1:n} = [\boldsymbol{w}_1 \boldsymbol{w}_2 \cdots \boldsymbol{w}_n] \in \mathbb{R}^{d \times n}$ 表示该标题的词向量矩阵。该词向量矩阵可以经过预训练得到，也可以随机初始化。在经过知识提取步骤之后，每个单词 w_i 都可能关联一个实体向量 $\boldsymbol{e}_i \in \mathbb{R}^{k \times 1}$ 和上下文向量 $\bar{\boldsymbol{e}}_i \in \mathbb{R}^{k \times 1}$，其中 k 是实体向量（上下文向量）的维度。

给定以上输入，一种直观的结合单词和实体的方法是将实体视为“伪”单词，并将其拼接到单词序列之后[139]，即

$$\boldsymbol{W} = [\boldsymbol{w}_1 \ \boldsymbol{w}_2 \cdots \boldsymbol{w}_n \ \boldsymbol{e}_{t_1} \ \boldsymbol{e}_{t_2} \ \cdots] \tag{5-11}$$

其中 $\{\boldsymbol{e}_{t_j}\}$ 是这条新闻标题涉及的实体向量集合。这条组合而成的新闻标题被输入到后续的CNN[144] 中进行进一步处理。然而，我们指出这个简单的拼接策略有以下局限性：①拼接策略破坏了单词和实体之间的关联，拼接之后的新序列无法反应单词和实体的对齐关系；②词向量和实体向量是由不同的方法学习得到的，这意味着在同一个向量空间中对它们进行卷积操作是不合适的；③拼接策略强制要求词向量和实体向量有着相同的维度，这在实践中可能不是最优的，因为词向量和实体向量的最佳长度并不一定相同。

为了解决以上的局限性，本节提出一个多通道的（multi-channel）、单词-实体对齐的（word-entity-aligned）的KCNN。KCNN的结果如图5-7左下角所示。对每个新闻标题

$t=[w_1,w_2,\cdots,w_n]$，除了使用词向量 $\boldsymbol{w}_{1:n}=[\boldsymbol{w}_1\boldsymbol{w}_2\cdots\boldsymbol{w}_n]$ 作为输入之外，我们还引入了转换后的实体向量

$$g(\boldsymbol{e}_{1:n})=[g(\boldsymbol{e}_1)g(\boldsymbol{e}_2)\cdots g(\boldsymbol{e}_n)] \tag{5-12}$$

和转换后的上下文向量

$$g(\bar{\boldsymbol{e}}_{1:n})=[g(\bar{\boldsymbol{e}}_1)g(\bar{\boldsymbol{e}}_2)\cdots g(\bar{\boldsymbol{e}}_n)] \tag{5-13}$$

作为输入来源[㊀]，其中 g 是转换函数。在 KCNN 中，g 可以为线性函数

$$g(\boldsymbol{e})=\boldsymbol{Me} \tag{5-14}$$

或非线性函数

$$g(\boldsymbol{e})=\tanh(\boldsymbol{Me}+\boldsymbol{b}) \tag{5-15}$$

其中 $\boldsymbol{M}\in\mathbb{R}^{d\times k}$ 是转换矩阵，$\boldsymbol{b}\in\mathbb{R}^{d\times 1}$ 是偏置参数。由于转换函数是连续的，它可以将实体向量和上下文向量从实体空间投影到单词空间的同时保留原有的空间关系。注意到词向量 $\boldsymbol{w}_{1:n}$、转换后的实体向量 $g(\boldsymbol{e}_{1:n})$ 和转换后的上下文向量 $g(\bar{\boldsymbol{e}}_{1:n})$ 的尺寸是一样的，它们可以被视为同一个个体（单词）的多个不同通道的表述（类似于彩色图片的三通道）。因此，我们将这 3 个向量矩阵对齐并堆叠起来：

$$\boldsymbol{W}=[[\boldsymbol{w}_1g(\boldsymbol{e}_1)g(\bar{\boldsymbol{e}}_1)][\boldsymbol{w}_2g(\boldsymbol{e}_2)\bar{g}(\boldsymbol{e}_2)]\cdots[\boldsymbol{e}_ng(\boldsymbol{e}_n)g(\bar{\boldsymbol{e}}_n)]]\in\mathbb{R}^{d\times n\times 3} \tag{5-16}$$

给定以上多通道输入 $\boldsymbol{W}$，和 Kim CNN[144] 类似，我们使用多

㊀ 如果 w_i 没有对应的实体，那么 $\boldsymbol{e}_i$ 和 $\bar{\boldsymbol{e}}_i$ 被设置为 0。

个（窗口大小 l 不同的）卷积核 $h \in \mathbb{R}^{d \times l \times 3}$ 来提取新闻标题中的特定的局部模式。子矩阵 $\boldsymbol{W}_{i:i+l-1}$ 关于卷积核 h 的局部相应（local activation）可以被记为

$$c_i^h = f(h * \boldsymbol{W}_{i:i+l-1} + b) \tag{5-17}$$

然后我们在输出的特征组（feature map）上使用了最大池化（max pooling）操作：

$$\tilde{c}^h = \max\{c_1^h, c_2^h, \cdots, c_{n-l+1}^h\} \tag{5-18}$$

所有的特征 $\tilde{c}^{h_i}$ 被拼接起来，组成了新闻标题 t 最终的表示 $\boldsymbol{e}(t)$，即

$$\boldsymbol{e}(t) = [\tilde{c}^{h_1} \tilde{c}^{h_2} \cdots \tilde{c}^{h_m}] \tag{5-19}$$

其中 m 是卷积核的数量。

5.4.3 基于注意力机制的用户历史兴趣聚合

给定用户 i 的点击记录 $\{t_1^i, t_2^i, \cdots, t_{N_i}^i\}$，他点击过的新闻的特征被记为 $\boldsymbol{e}(t_1^i), \boldsymbol{e}(t_2^i), \cdots, \boldsymbol{e}(t_{N_i}^i)$。为了表示用户 i，一种简单的方法是直接平均他所有点击过的新闻标题的特征：

$$\boldsymbol{e}(i) = \frac{1}{N_i} \sum_{k=1}^{N_i} \boldsymbol{e}(t_k^i) \tag{5-20}$$

然而，正如本章引言中讨论的，一个用户对新闻话题的兴趣是多样化的。在考虑用户 i 是否会点击候选新闻 t_j 时，用户 i 点击过的新闻应该对 t_j 有着不同的影响。为了动态地刻画用户的历史兴趣，我们使用了一个注意力网络（attention network）[154,155] 来模拟用户的点击记录对于当前候选新闻的不

同的影响。注意力网络如图 5-7 左上角所示。具体地说，对于用户 i 点击过的新闻 t_k^i 以及候选新闻 t_j，我们首先使用一个深度神经网络 $\mathcal{H}$ 来计算影响因子：

$$s_{t_k^i,t_j} = \text{softmax}(\mathcal{H}(\boldsymbol{e}(t_k^i),\boldsymbol{e}(t_j))) = \frac{\exp(\mathcal{H}(\boldsymbol{e}(t_k^i),\boldsymbol{e}(t_j)))}{\sum_{k=1}^{N_i}\exp(\mathcal{H}(\boldsymbol{e}(t_k^i),\boldsymbol{e}(t_j)))} \tag{5-21}$$

注意力网络 $\mathcal{H}$ 接收两个新闻标题的特征作为输入，输出它们之间的影响因子。用户 i 关于候选新闻 t_j 的特征就可以被计算成他的所有点击过的新闻的特征的加权平均：

$$\boldsymbol{e}(i) = \sum_{k=1}^{N_i} s_{t_k^i,t_j}\boldsymbol{e}(t_k^i) \tag{5-22}$$

最后，给定用户 i 的特征 $\boldsymbol{e}(i)$ 和候选新闻 t_j 的特征 $\boldsymbol{e}(t_j)$，我们使用另一个神经网络 $\mathcal{G}$ 预测用户 i 会点击新闻 t_j 的概率：

$$p_{i,t_j} = \mathcal{G}(\boldsymbol{e}(i),\boldsymbol{e}(t_j)) \tag{5-23}$$

我们会在实验部分验证注意力网络的有效性。

5.5 交替学习法

在本节中，我们以 MKR 为例介绍交替学习法的主要思想。我们首先介绍 MKR 中的多任务学习框架及其各个主要组成部分。然后我们会讨论 MKR 的学习算法，以及针对 MKR 的理论分析。

5.5.1 多任务学习模型框架

MKR 模型框架如图 5-8a 所示。MKR 包含 3 个主要部分：

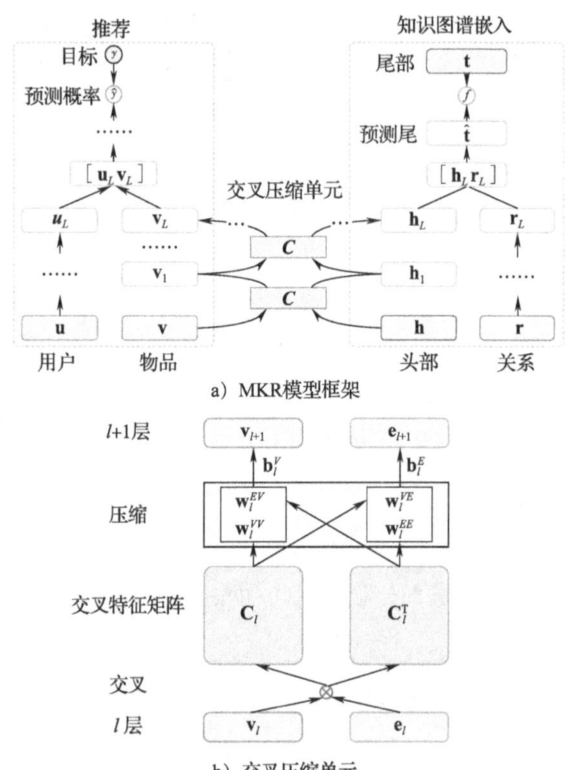

a）MKR模型框架

b）交叉压缩单元

图 5-8 a）MKR 的模型框架。左半部分和右半部分分别表示推荐系统模块和知识图谱特征学习模块。两个模块由交叉压缩单元连接。b）交叉压缩单元通过“交叉”操作从物品和实体向量中生成一个交叉特征矩阵，并通过“压缩”操作为下一层提供输入

推荐系统模块、网络特征学习模块和交叉压缩单元。①左半部分的推荐系统模块将一个用户和一个物品作为输入，并使用多层感知机（Multi-Layer Perceptron，MLP）和交叉压缩单元从用户和物品中学习特征；②和左半部分类似，右半部分的知识图谱特征学习模块也使用了 MLP 来从知识三元组中学习头节点和关系的特征，并预测尾节点的特征；③推荐系统模块和网络特征学习模块由交叉压缩模块进行桥接。交叉压缩模块可以自动学习两个任务中物品和实体的高阶特征交互。

5.5.2 交叉压缩单元、推荐系统模块和知识图谱特征学习模块

5.5.2.1 交叉压缩单元

在 MKR 中，推荐系统任务和知识图谱特征学习任务是高度关联的，因为推荐系统中的一个物品可能对应着知识图谱中的实体。为了对物品和实体之间的特征交互进行建模，我们在 MKR 中设计了一个交叉压缩单元，如图 5-8b 所示。对于物品 v 及与它关联的实体（之一）e，我们首先依据它们第 l 层的特征 $\boldsymbol{v}_l \in \mathbb{R}^d$ 和 $\boldsymbol{e}_l \in \mathbb{R}^d$，构造一个 $d \times d$ 维的特征交互矩阵：

$$\boldsymbol{C}_l = \boldsymbol{v}_l \boldsymbol{e}_l^{\mathrm{T}} = \begin{bmatrix} v_l^{(1)} e_l^{(1)} & \cdots & v_l^{(1)} e_l^{(d)} \\ \cdots & & \cdots \\ v_l^{(d)} e_l^{(1)} & \cdots & v_l^{(d)} e_l^{(d)} \end{bmatrix} \tag{5-24}$$

其中 $\boldsymbol{C}_l \in \mathbb{R} d \times d$ 是第 l 层的交叉特征矩阵，d 是特征的维度。这个操作叫作“交叉”操作，因为在交叉特征矩阵中，物品 v 及其相关联的实体 e 的任何一组可能的特征交互都被显式地建模。然后，我们将特征交叉矩阵投影到各自的特征空间中，并输出物品和实体的下一层的表示向量：

$$\begin{aligned} \boldsymbol{v}_{l+1} &= \boldsymbol{C}_l \boldsymbol{w}_l^{VV} + \boldsymbol{C}_l^{\mathrm{T}} \boldsymbol{w}_l^{EV} + \boldsymbol{b}_l^{V} = \boldsymbol{v}_l \boldsymbol{e}_l^{\mathrm{T}} \boldsymbol{w}_l^{vv} + \boldsymbol{e}_l \boldsymbol{v}_l^{\mathrm{T}} \boldsymbol{w}_l^{EV} + \boldsymbol{b}_1^{V}, \\ \boldsymbol{e}_{l+1} &= \boldsymbol{C}_l \boldsymbol{w}_l^{VE} + \boldsymbol{C}_l^{\mathrm{T}} \boldsymbol{w}_l^{EE} + \boldsymbol{b}_l^{E} = \boldsymbol{v}_l \boldsymbol{e}_l^{\mathrm{T}} \boldsymbol{w}_l^{VE} + \boldsymbol{e}_l \boldsymbol{v}_l^{\mathrm{T}} \boldsymbol{w}_l^{EE} + \boldsymbol{b}_l^{E} \end{aligned} \tag{5-25}$$

其中 $\boldsymbol{w}_l^{\cdot\cdot} \in \mathbb{R}^d$ 和 $\boldsymbol{b}_l^{\cdot} \in \mathbb{R}^d$ 是权值和偏置参数。这个操作叫作“压缩”操作，因为权值向量将交叉特征矩阵重新从 $\mathbb{R}^{d \times d}$ 的空间映射回了特征空间 $\mathbb{R}^d$。注意到在式(5-25)中，出于对称性的考虑，特征交叉矩阵被同时沿着水平和垂直的方向进行了压缩（通过在矩阵 $\boldsymbol{C}_l$ 和 $\boldsymbol{C}_l^{\mathrm{T}}$ 上进行操作）。但是我们会在 5.5.4.2 节中提供更多关于该设计的理解。为了记号简便，在下文中，我们将交叉压缩单元记为

$$[\boldsymbol{v}_{l+1}, \boldsymbol{e}_{l+1}] = \mathcal{C}(\boldsymbol{v}_l, \boldsymbol{e}_l) \tag{5-26}$$

并使用后缀［$\boldsymbol{v}$］或［$\boldsymbol{e}$］来区分它的两个输出。通过交叉压缩单元，MKR 可以适应性地调整知识迁移的权重并学习两个任务之间的相关度。

值得注意的是，交叉单元只存在于 MKR 模型的低层（low-level layers），如图 5-8a 所示。这是因为：①一般而言，在深度结构中，特征沿着网络结构逐渐从一般性（general）转到特定性（specific），特征的可迁移性在高层（high-level layers）会随着任务不相似性的增加而显著下降[156]，因此，在高层中共享特征会增加负迁移（negative transfer）的风险，特别是对于 MKR 中的异构任务；②在 MKR 的高层中，物品特征和用户特征发生了混合，实体特征也与关系特征发生了混合，这种混合特征不再适合共享，因为它们没有显式的关联。

5.5.2.2 推荐系统模块

MKR 中的推荐系统模块的输入为用户 u 和物品 v 的原始特征 $\boldsymbol{u}$ 和 $\boldsymbol{v}$。根据应用场景的不同，$\boldsymbol{u}$ 和 $\boldsymbol{v}$ 可以是 one-hot ID[59]、属性[1]、词袋（bag-of-words）[52]，或它们的组合。给定用户 u 的原始特征 $\boldsymbol{u}$，我们使用一个 L 层的 MLP 来提取他的隐含特征：

$$\boldsymbol{u}_L = \mathcal{M}(\mathcal{M}(\cdots\mathcal{M}(\boldsymbol{u}))) = \mathcal{M}^L(\boldsymbol{u}) \tag{5-27}$$

其中 $\mathcal{M}(\boldsymbol{x})=\sigma(\boldsymbol{W}\boldsymbol{x}+\boldsymbol{b})$ 是一个权重参数为 $\boldsymbol{W}$、偏执参数为 $\boldsymbol{b}$、非线性激活函数为 $\sigma(\cdot)$ 的全连接层。对于物品 v，我们使用 L 层的交叉压缩单元来提取它的特征：

$$\boldsymbol{v}_L = \mathbb{E}_{e\sim\mathcal{S}(v)}[\mathcal{C}^L(\boldsymbol{v},\boldsymbol{e})[\boldsymbol{v}]] \tag{5-28}$$

其中 $\mathcal{S}(v)$ 是和物品 v 关联的实体的集合。

在得到了用户 u 的特征 $\boldsymbol{u}_L$ 以及物品 v 的特征 $\boldsymbol{v}_L$ 后，我们将 $\boldsymbol{u}_L$ 和 $\boldsymbol{v}_L$ 拼接起来以结合这两个通路。然而，一个简单的向量拼接不足以刻画用户和物品的交互[59]。因此，我们使用另一个 $H-1$ 层的 MLP 来处理拼接后的向量。相比于内积，MLP 的设计使得 MKR 具有更多的灵活性和非线性能力来处理 $\boldsymbol{u}_L$ 和 $\boldsymbol{v}_L$ 的交互。最终，用户 u 和物品 v 有交互行为的预测概率为：

$$\hat{y}_{uv} = \sigma\left(\boldsymbol{w}^{\mathrm{T}}\mathcal{M}^{H-1}\left(\begin{bmatrix}\boldsymbol{u}_L\\ \boldsymbol{v}_L\end{bmatrix}\right) + b\right) \tag{5-29}$$

5.5.2.3 知识图谱特征学习模块

知识图谱特征学习的目的是将实体和向量映射到低维连续空间中，并保持它们的结构信息。最近，研究者们提出了很多知识图谱特征学习方法，包括翻译距离模型（translational distance models）[82,84] 和语义匹配模型（semantic matching models）[157,158]。在 MKR 中，我们提出一种深度语义匹配模型用于知识图谱特征学习。和推荐系统模块类似，对于一个给定的三元组（h,r,t），我们首先使用多个交叉压缩单元和非线性层来分别处理头节点 h 和关系 r 的原始输入。(这可以包括 ID[84]、种类[159]、文字描述[83] 等)。它们的特征随后被拼接起来，送入一个 K 层的 MLP 来预测尾节点 t：

$$\boldsymbol{h}_L = \mathbb{E}_{v\sim\mathcal{S}(h)}[\mathcal{C}^L(\boldsymbol{v},\boldsymbol{h})[\boldsymbol{e}]],\quad \boldsymbol{r}_L = \mathcal{M}^L(\boldsymbol{r}),\quad \hat{\boldsymbol{t}} = \mathcal{M}^K\left(\begin{bmatrix}\boldsymbol{h}_L\\ \boldsymbol{r}_L\end{bmatrix}\right) \tag{5-30}$$

其中 $\mathcal{S}(h)$ 是实体 h 关联的物品的集合，$\hat{\boldsymbol{t}}$ 是预测的尾节点 t 的向量。最终，三元组 (h,r,t) 的分数通过一个评分函数 f 计算得到：

$$\text{score}(h,r,t) = f(\boldsymbol{t},\hat{\boldsymbol{t}}) \tag{5-31}$$

其中 $\boldsymbol{t}$ 是尾节点 t 的实际特征。在本书中，我们使用归一化的内积 $f(\boldsymbol{t},\hat{\boldsymbol{t}})=\sigma(\boldsymbol{t}^{\mathrm{T}}\hat{\boldsymbol{t}})$ 作为评分函数[160]，但是其他形式的相似度函数也可以在这里使用，例如 Kullback-Leibler divergence。

5.5.3 学习算法

MKR 的完整的损失函数如下所示：

$$\begin{aligned}\mathcal{L} &= \mathcal{L}_{RS} + \mathcal{L}_{KG} + \mathcal{L}_{REG}\\ &= \sum_{u\in\mathcal{U},v\in\mathcal{V}} \mathcal{J}(\hat{y}_{uv}, y_{uv}) - \\ &\quad \lambda_1\Big(\sum_{(h,r,t)\in\mathcal{G}} \text{score}(h,r,t) - \sum_{(h',r,t')\notin\mathcal{G}} \text{score}(h',r,t')\Big) + \\ &\quad \lambda_2 \|\boldsymbol{W}\|_2^2\end{aligned} \tag{5-32}$$

在式(5-32)中，第 1 项衡量推荐系统模块中的损失，其中 u 和 v 分别遍历了用户和物品的集合，$\mathcal{J}$ 是交叉熵(cross-entropy)函数。第 2 项计算了知识图谱特征学习模块中的损失，其中我们的目标是提升所有正确的三元组的分数，降低所有错误的三元组的分数。最后一项是防止过拟合的正则项。λ_1 和 λ_2 是权衡参数[⊖]。

注意到式（5-32）遍历了所有可能的用户-物品对和三元组。为了使计算更有效率，类似文献［68］，我们在训练过程中使用负采样技术。MKR 的学习算法如算法 5-1 所示。一个训练轮中包含了两个阶段：推荐系统任务（第 4~8 行）和知识图谱特征学习任务（第 10~12 行）。在每轮中，我们重复训练 t 次推荐系统任务（t 是一个超参数且一般 $t>1$）并

算法 5-1　MKR 中的多任务训练

输入： 交互矩阵 $\boldsymbol{Y}$，知识图谱 $\mathcal{G}$
输出： 预测函数 $\mathcal{F}(u, v \mid \Theta, \boldsymbol{Y}, \mathcal{G})$
1：初始化所有参数
2：**for** 训练总轮数 **do**
3：　//推荐系统任务
4：　**for** t 步 **do**
5：　　从 $\boldsymbol{Y}$ 中采样正负交互的一个批量（minibatch）；
6：　　为该批量中的每个物品 v 采样 $e \sim \mathcal{S}(v)$；
7：　　根据式(5-24)~式(5-29)，式(5-32)，使用梯度下降法更新 $\mathcal{F}$ 的参数；
8：　**end for**
9：　//知识图谱特征学习任务
10：　从 $\mathcal{G}$ 中采样真假三元组的一个批量；
11：　为该批量中的每个头节点 h 采样 $v \sim \mathcal{S}(h)$；
12：　根据式(5-24)~式(5-26)~式(5-30)~式(5-32)，使用梯度下降法更新 $\mathcal{F}$ 的参数；
13：**end for**

⊖ λ_1 可以被视为两个任务的学习率的比值。

训练一次知识图谱特征学习任务，因为我们更关注于提升推荐性能。我们会在实验部分讨论 t 的选择。

5.5.4 理论分析

5.5.4.1 多项式拟合

根据魏尔斯特拉斯逼近定理（Weierstrass approximation theorem）[161]，任何在特定平滑假设下的函数都可以被一个多项式近似到任意精度。因此，我们研究交叉压缩单元的高阶交互模拟的能力。我们证明交叉压缩单元可以拟合高达指数级别的物品-实体特征交互：

定理 5.1 记 MKR 网络中的输入物品和实体的特征分别为 $\boldsymbol{v}=[v_i\cdots v_d]^{\mathrm{T}}$ 和 $\boldsymbol{e}=[e_1\cdots e_d]^{\mathrm{T}}$。那么 $\|\boldsymbol{v}_L\|_1$ 和 $\|\boldsymbol{e}_L\|_1$（$\boldsymbol{v}_L$ 和 $\boldsymbol{e}_L$ 的 $L1$-*norm*）的具有最大度数的交叉项是 $k_{\alpha,\beta}v_1^{\alpha_1}\cdots v_d^{\alpha_d}e_1^{\beta_1}\cdots e_d^{\beta_d}$，其中 $k_{\alpha,\beta}\in\mathbb{R}$，$\alpha_i,\beta_i\in\mathbb{N}$，$i\in\{1,\cdots,d\}$；$\alpha_1+\cdots+\alpha_d=2^{L-1}$；$\beta_1+\cdots+\beta_d=2^{L-1}$（$L\geqslant1,v_0=v,e_0=e$）。

在推荐系统中，$\prod_{i=1}^{d}v_i^{\alpha_i}e_i^{\beta_i}$ 也叫作组合特征（combinatorial feature），因为它衡量了多个原始特征的交互。定理 5.1 表明交叉压缩单元可以自动模拟足够高阶的物品和实体之间的组合特征。和现有工作，例如 Wide&Deep[57]、分解机（factorization machine）[123,162] 和 DCN[163] 相比，MKR 具有更强大的拟合能力。定理 5.1 的证明如下：

证明　我们用数学归纳法进行证明：

初始步：当 $l=1$ 时，

$$\boldsymbol{v}_1=\boldsymbol{v}\boldsymbol{e}^{\mathrm{T}}\boldsymbol{w}_0^{VV}+\boldsymbol{e}\boldsymbol{v}^{\mathrm{T}}\boldsymbol{w}_0^{EV}+\boldsymbol{b}_0^{v}$$

$$=\left[v_1\sum_{i=1}^{d}e_iw_0^{VV(i)}\cdots v_d\sum_{i=1}^{d}e_iw_0^{VV(i)}\right]^{\mathrm{T}}+\left[e_1\sum_{i=1}^{d}v_iw_0^{EV(i)}\cdots e_d\sum_{i=1}^{d}v_iw_0^{EV(i)}\right]^{\mathrm{T}}+\left[b_0^{V(0)}\cdots b_0^{V(d)}\right]^{\mathrm{T}}$$

因此，我们有

$$\|\boldsymbol{v}_1\|_1=\left|\sum_{j=1}^{d}v_j\sum_{i=1}^{d}e_iw_0^{VV(i)}+\sum_{j=1}^{d}e_j\sum_{i=1}^{d}v_iw_0^{EV(i)}+\sum_{i=1}^{d}b_0^{V(d)}\right|$$

$$=\left|\sum_{i=1}^{d}\sum_{j=1}^{d}(w_0^{EV(i)}+w_0^{VV(j)})v_ie_j+\sum_{i=1}^{d}b_0^{V(d)}\right|$$

显然，具有最大度数的交叉项是 $k_{\alpha,\beta}v_ie_j$，因此，对于 v_1，我们有 $\alpha_1+\cdots+\alpha_d=1=2^{1-1}$，$\beta_1+\cdots+\beta_d=1=2^{1-1}$。$e_1$ 的证明类似。

归纳步：假设在 $\|\boldsymbol{v}_l\|_1$ and $\|\boldsymbol{e}_l\|_1$ 中的最大度数项 x 和 y 满足 $\alpha_1+\cdots+\alpha_d=2^{l-1}$ 和 $\beta_1+\cdots+\beta_d=2^{l-1}$。因为 $\|\boldsymbol{v}_l\|_1=\left|\sum_{i=1}^{d}v_l^{(i)}\right|$ 且 $\|\boldsymbol{e}_l\|_1=\left|\sum_{i=1}^{d}e_l^{(i)}\right|$，不失一般性，我们假设 x 和 y 分别存在于 $v_l^{(a)}$ 和 $e_l^{(b)}$ 中。因此，对于 $l+1$，我们有

$$\|\boldsymbol{v}_{l+1}\|_1=\sum_{i=1}^{d}\sum_{j=1}^{d}(w_l^{EV(i)}+w_l^{VV(j)})v_l^{(i)}e_l^{(j)}+\sum_{i=1}^{d}b_l^{V(d)}$$

显然，$\|\boldsymbol{v}_{l+1}\|_1$ 的最大度数项是 $v_l^{(a)}e_l^{(b)}$ 中的交叉项 xy。既然对于 x 和 y 我们都有 $\alpha_1+\cdots+\alpha_d=2^{l-1}$ 且 $\beta_1+\cdots+\beta_d=2^{l-1}$，

交叉项 xy 的度数因此满足 $\alpha_1+\cdots+\alpha_d=2^{(l+1)-1}$ 和 $\beta_1+\cdots+\beta_d=2^{(l+1)-1}$。$\|e_{l+1}\|_1$ 的证明类似。 ■

5.5.4.2 一些有代表性的方法的统一视角

在本节中，通过阐述推荐系统和多任务学习中的一些有代表性的方法是 MKR 的特殊版本或和 MKR 有理论上的关联，我们为这些方法提供一个统一的视角。这验证了交叉压缩单元的设计的合理性，同时也从概念上解释了 MKR 和基准方法相比有较强的性能的原因。

◆ **分解机（Factorization Machines，FM）**

分解机[123,162] 使用分解的参数来模拟变量之间的所有交互，因此它可以在有巨大空间的问题（例如推荐系统）中估计变量的交互。一个 2 阶的分解机的模型公式为 $\hat{y}(\boldsymbol{x})=w_0+\sum_{i=1}^{d}w_ix_i+\sum_{i=1}^{d}\sum_{j=i+1}^{d}\langle\boldsymbol{v}_i,\boldsymbol{v}_j\rangle x_ix_j$，其中〈·，·〉是两个向量的内积。我们证明分解机的核心和单层的交叉压缩单元在概念上是相似的：

命题 5.2 $\boldsymbol{v}_1$ 和 $\boldsymbol{e}_1$ 的 $L1\text{-}norm$ 可以被写成如下形式：

$$\|\boldsymbol{v}_1\|_1(or\,\|\boldsymbol{e}_1\|_1)=\left|b+\sum_{i=1}^{d}\sum_{j=1}^{d}\langle w_i,w_j\rangle v_ie_j\right| \tag{5-33}$$

其中 $\langle w_i,w_j\rangle=w_i+w_j$。

有趣的是，和分解机中将 x_ix_j 的权值参数分解为两个向量的内积不同，在交叉压缩单元中 v_ie_j 的权值被分解成两个标量的和，用以减少参数的个数，提升模型的鲁棒性。命题 5.2 的证明如下：

证明 在证明定理 5.1 时，我们已经证明了

$$\|\boldsymbol{v}_1\|_1 = \left| \sum_{i=1}^{d} \sum_{j=1}^{d} (w_0^{EV(i)} + w_0^{VV(j)}) v_i e_j + \sum_{i=1}^{d} b_0^{V(d)} \right|$$

很容易看出 $w_i = w_0^{EV(i)}$，$w_j = w_0^{VV(j)}$，$b = \sum_{i=1}^{d} b_0^{V(d)}$。$\|\boldsymbol{e}_1\|_1$ 的证明是类似的。 ■

◆ **深度交叉网络（Deep&Cross Network，DCN）**

深度交叉网络[613] 通过引入如下的网络层来显式地学习高阶的特征交互：$\boldsymbol{x}_{l+1} = \boldsymbol{x}_0 \boldsymbol{x}_l^{\mathrm{T}} \boldsymbol{w}_l + \boldsymbol{x}_l + \boldsymbol{b}_l$，其中 $\boldsymbol{x}_l$、$\boldsymbol{w}_l$ 和 $\boldsymbol{b}_l$ 分别是第 l 层的特征、权值和偏置。我们通过如下的命题展示 DCN 和 MKR 之间的联系：

命题 5.3 在式(5-25)的 $\boldsymbol{v}_{l+1}$ 中，如果我们限制第 1 项 $\boldsymbol{w}_l^{VV}$ 满足 $\boldsymbol{e}_l^{\mathrm{T}} \boldsymbol{w}_l^{VV} = 1$，限制第 2 项 $\boldsymbol{e}_l$ 为 $\boldsymbol{e}_0$（以及对 $\boldsymbol{e}_{l+1}$ 施加相似的限制），那么交叉压缩单元和 *DCN* 网络层在多任务学习的概念下是等价的：

$$\boldsymbol{v}_{l+1} = \boldsymbol{e}_0 \boldsymbol{v}_l^{\mathrm{T}} \boldsymbol{w}_l^{EV} + \boldsymbol{v}_l + \boldsymbol{b}_l^{V},$$
$$\boldsymbol{e}_{l+1} = \boldsymbol{v}_0 \boldsymbol{e}_l^{\mathrm{T}} \boldsymbol{w}_l^{VE} + \boldsymbol{e}_l + \boldsymbol{b}_l^{E} \tag{5-34}$$

可以证明，上述的 DCN 等价版本的 MKR 的多项式拟合能力（即 $\boldsymbol{v}_l$ 和 $\boldsymbol{e}_l$ 中的交叉项的最大度数）为 $O(l)$，这要远远弱于原版的交叉压缩单元的 $O(2^l)$ 的拟合能力。

◆ **十字绣网络（cross-stitch networks）**

十字绣网络[160] 是卷积神经网络中的一个多任务学

习模型。它定义了十字绣单元来学习两个任务之间的共享的（shared）和任务特定的（task-specific）特征。我们通过如下的命题证明十字绣网络是交叉压缩单元的一个简化版本：

命题 5.4 如果我们忽略式(5-25)中所有的偏置，那么交叉压缩单元可以写成如下形式

$$\begin{bmatrix} \boldsymbol{v}_{l+1} \\ \boldsymbol{e}_{l+1} \end{bmatrix} = \begin{bmatrix} \boldsymbol{e}_l^{\mathrm{T}} \boldsymbol{w}_l^{VV} & \boldsymbol{v}_l^{\mathrm{T}} \boldsymbol{w}_l^{EV} \\ \boldsymbol{e}_l^{\mathrm{T}} \boldsymbol{w}_l^{VE} & \boldsymbol{v}_l^{\mathrm{T}} \boldsymbol{w}_l^{EE} \end{bmatrix} \begin{bmatrix} \boldsymbol{v}_l \\ \boldsymbol{e}_l \end{bmatrix} \tag{5-35}$$

式(5-35)中的转换矩阵类似于十字绣网络[160]中的$[\alpha_{AA}\alpha_{AB};\ \alpha_{BA}\alpha_{BB}]$，这些$\alpha$是十字绣网络中控制任务A和任务B之间的特征迁移程度的参数。和十字绣网络类似，MKR可以通过让$\boldsymbol{v}_l^{\mathrm{T}}\boldsymbol{w}_l^{EV}(\alpha_{AB})$或$\boldsymbol{e}_l^{\mathrm{T}}\boldsymbol{w}_l^{VE}(\alpha_{BA})$变小来使得特定的层变得更加任务特定（task-specific），也可以给它们分配一个较大的数值来让该层变得更加共享（shared）。但是，交叉压缩单元中的转换矩阵更加细粒度（fine-grained），因为转换矩阵从十字绣网络中的两个数值变成了MKR中的两个向量的内积。更为有趣的是，式(5-35)也可以被视为一种注意力机制[164]，因为转移权值的计算涉及了向量$\boldsymbol{v}_l$和$\boldsymbol{e}_l$本身。

由于命题5.3和命题5.4较为直观，我们在本书中省略了它们的证明。

5.6 性能验证

5.6.1 数据集

本节介绍实验用的数据集。我们首先介绍 DKN 中使用的新闻数据集。该新闻数据集源自必应新闻（Bing News）的服务器记录。每条记录包含了时间戳、用户 ID、新闻 URL、新闻标题和点击次数（0 表示没有点击，1 表示点击）。我们将 2016 年 10 月 16 日到 2017 年 6 月 11 日之间的数据作为训练集，2017 年 6 月 12 日到 2017 年 8 月 11 日之间的数据作为测试集。训练集和测试集都经过了采样，并保证了正负样本的均衡。另外，我们在微软 Satori 知识图谱中搜索了数据集中出现过的实体（以及它们的一跳的邻居），然后抽取了这些实体之间的置信度大于 0.8 的边（即三元组）。该新闻数据集的基本统计信息如表 5-1 和图 5-9 所示。

表 5-1 DKN 的实验中 Bing-News 数据集的基本统计信息

#users	141 487	#triples	7 145 776
#news	535 145	avg. #words per title	7.9
#logs	1 025 192	avg. #entities per title	3.7
#entities	336 350	avg. #contextual entities per entity	42.5
#relations	4 668		

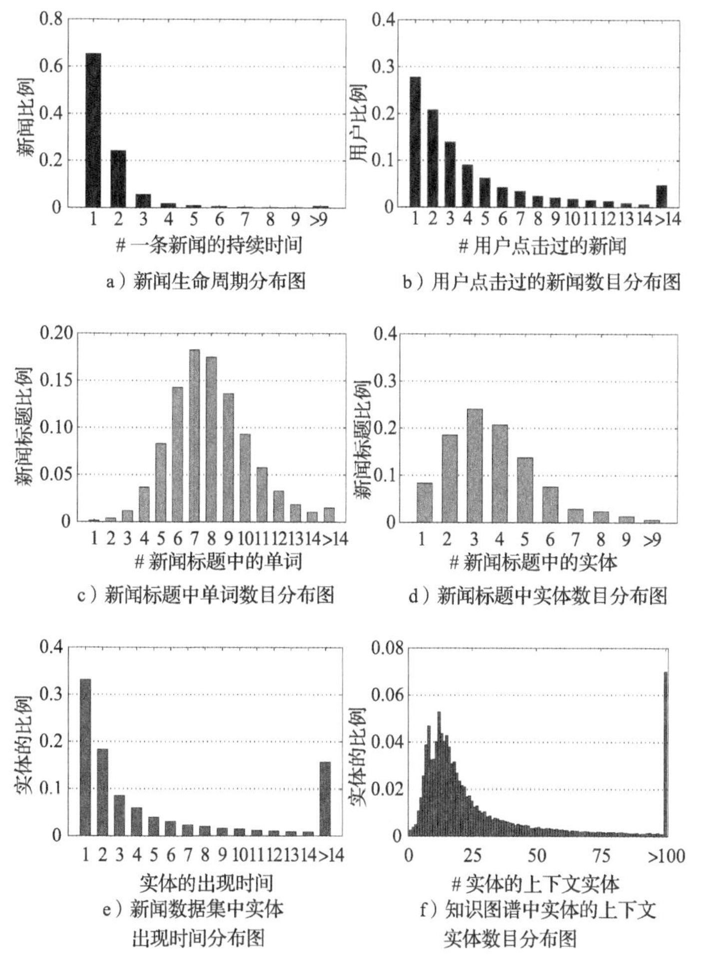

图 5-9 DKN 的实验中 Bing-News 数据集中的一些统计量的分布

图 5-9a 展示了新闻生命周期的分布。我们将新闻的生命

周期定义为它的发布日期到最后一次被点击的时间跨度。我们观察到90%的新闻都在发布后两天之内被点击，这证明了在线新闻对时间的敏感性。图5-9b展示了一个用户点击过的新闻数目的分布。77.9%的用户点过的新闻不超过5条，这也表明了新闻推荐场景中的数据稀疏性。图5-9c和图5-9d分别展示了一条新闻标题中单词（除了停用词）和实体的数目的分布。一条新闻中平均有7.9个单词和3.7个实体，这表明在新闻标题中平均每两个单词中就会出现一个实体。实体的这种高密度的出现频率也证实了KCNN的设计的有效性。图5-9e和图5-9f分别展示了Bing-News数据集中实体出现次数的分布和知识图谱中一个实体的上下文实体数目的分布。我们可以从中得出结论：实体的出现模式是很稀疏的，符合长尾分布（80.4%的实体出现了不超过10次），但是一个实体在知识图谱中的上下文实体却很丰富，一个实体的上下文实体的数目的平均值是42.5，最大值是140 737。因此，上下文实体可以很好地对实体向量进行补充。

和DKN专门用于新闻推荐场景不同，MKR是一个通用的模型，因此，我们在MKR的实验中使用了以下3个数据集（包括Bing-News数据集）：

- MovieLens-1M[⊖]是电影推荐中的一个广泛使用的基准数据集，它包含了在Movie-Lens网站上用户对电影的

⊖ https://grouplens.org/datasets/movielens/。

显式的从 1 到 5 的评分。

- Book-Crossing[1]包含了 Book-Crossing 社区中的用户对图书的从 0 到 10 的评分。
- Bing-News 包含了来自必应新闻[2]服务器数据的隐式反馈，时间跨度为 2016 年 10 月 16 日到 2017 年 8 月 11 日。每条新闻都包含了标题信息。

由于 MovieLens-1M 和 Book-Crossing 包含的是显式反馈，我们将其转换成了隐式反馈数据。如果 MovieLens-1M 中该交互为 4/5 分，或 Book-Crossing 中该交互为 0 至 10 分（即不做筛选），则其中一个交互被标记为 1；我们也随机采样了一个用户没有看过的集合，并将这些交互标记为 0。对每个用户而言，正负样本的数目是相等的。我们使用微软 Satori 来为每个数据集构造知识图谱。对于 MovieLens-1M 和 Book-Crossing，我们首先从整个知识图谱中选择了一个三元组子集（知识图谱子图），其中关系的名字包含“film”或“book”，且置信度在 0.9 以上。给定这个初步筛选出的知识图谱子图，我们比照了所有合法的电影/图书在数据集中的名称和所有三元组（head, film. film. name, tail）或（head, book. book. title, tail）的尾节点，以此进行物品和实体的配对。为了简单起见，所有不是一一对应的物品和实体对都被丢弃（这可能是

---

[1] http://www2. informatik. uni-freiburg. de/~cziegler/BX/。

[2] https://www. bing. com/news。

由于电影/图书有重名，也有可能是知识图谱中的噪声）。得到了物品-实体配对关系之后，我们用这些实体的 ID 去匹配知识图谱子图中的头节点和尾节点，并筛选出所有匹配成功的三元组，构成了最终的知识图谱集合。Bing-News 上的筛选过程也是类似的，除了两点不同：①我们使用了实体链接（entity linking）的工具来从新闻标题中提取实体；②我们没有对关系的名字加以限制，因为不像电影和图书，新闻标题中的实体并不在一个特定的范围内。这 3 个数据集的基本统计信息如表 5-2 所示。

表 5-2　MKR 的实验中 3 个数据集的基本统计信息和超参数的设置

数据集	#users	#items	#interactions	#KG triples	hyper-parameters
MovieLens-1M	6 036	2 347	753 772	20 195	$L=1$，$d=8$，$t=3$，$\lambda_1=0.5$
Book-Crossing	17 860	14 910	139 746	19 793	$L=2$，$d=8$，$t=2$，$\lambda_1=0.1$
Bing-News	141 487	535 145	1 025 192	1 545 217	$L=2$，$d=16$，$t=5$，$\lambda_1=0.2$

5.6.2 基准方法

在 DKN[⊖]的实验中，我们使用了如下的基准方法：

- LibFM[123] 是一个用于 CTR 预估的基于特征分解的模型。在本实验中，每条新闻的特征包含两部分，

⊖ 代码地址：https://github.com/hwwang55/DKN。

TF-IDF 特征和平均实体向量。我们将用户特征和新闻特征拼接起来作为 LibFM 的输入。

- KPCNN[139] 将新闻标题中出现过的实体拼接在新闻的单词序列后面，然后使用 Kim CNN 来学习新闻特征。
- DSSM[60] 是一种用于文档排序的深度语义模型，它使用了词哈希（word hashing）技术和多个全连接层。在本实验中，用户点击过的新闻被视为查询（query），候选新闻被视为文档。
- DeepWide[57] 是一个通用的深度学习推荐模型，它结合了一个线性（wide）通道和一个非线性（deep）通道。和 LibFM 类似，我们使用拼接的 TF-IDF 特征和平均实体向量作为两个通道的输入。
- DeepFM[56] 也是一个通用的深度学习推荐模型，它结合了一个分解机模块和一个深度神经网络模块，两个模型共享输入。DeepFM 的输入和 LibFM 也相同。
- YouTubeNet[58] 使用了一个深度候选物品生成网络和一个深度排序网络来从 YouTube 的大规模候选集中推荐视频。在本实验中，我们将深度排序网络应用到了新闻推荐场景中。
- DMF[61] 是一个用于推荐系统的深度矩阵分解模型，它使用了多个非线性层来处理用户和物品的原始评分向量。我们忽略了新闻的内容信息，只将隐式反馈作为 DMF 的输入。

注意到除了 LibFM 以外，其他的基准方法都是基于深度神经网络的。另外，除了 DMF 是基于协同过滤之外，其他方法都是基于内容的方法或混合方法。

在 MKR㊀的实验中，我们使用了如下的基准方法：

- PER（Personalized Entity Recommendation）[165]。在本实验中，我们使用所有的“物品-属性-物品”作为 PER 的特征（例如，“movie-director-movie”）。注意到 PER 不能被应用于新闻推荐，因为在新闻实体中很难预定义元路径（meta-path）。
- CKE（Collaborative Knowledge base Embedding）[117]。在本实验中，我们将 CKE 实现为协同过滤+结构化知识模块。
- DKN（Deep Knowledge-aware Network）[97]。在本书中，我们使用电影/图书的名称和新闻的标题作为 DKN 的文本输入。
- LibFM[123] 是一个用于 CTR 预估的基于特征分解的模型。我们将用户和物品的原始特征以及依据 TransR[84] 学习得到的实体向量的平均值作为 LibFM 的输入。
- Wide&Deep[57] 是一个通用的深度学习推荐模型，它结合了一个线性（wide）通道和一个非线性（deep）通道。Wide&Deep 的输入和 LibFM 相同。

㊀ 代码地址：https://github.com/hwwang55/MKR。

5.6.3 实验准备工作

DKN 的实验准备工作如下：

我们选择 TransD[141] 来处理知识图谱并学习实体特征，并在 KCNN 中使用式(5-15)中的非线性转换函数。词向量和实体向量都被设置为 100。卷积核的窗口大小为 1、2、3、4，每个大小都有 100 个卷积核。我们使用 Adam[166] 算法通过优化对数误差来训练 DKN。评价指标为 F1 和 AUC。

DKN 实验中的基准方法的关键参数设置如下：对于 KPCNN，词向量和实体向量的维度都是 100；对于 DSSM，语义特征的维度是 100；对于 DeepWide，deep 模块和 wide 模块的最终特征的维度都是 100；对于 YouTubeNet，最后一层的维度也是 100；对于 LibFM 和 DeepFM，分解机的维度为 {1,1,8}；对于 DMF，用户和物品的隐含特征的维度是 100。每个实验被重复 5 次，我们给出了平均值和极差作为结果。

MKR 的实验准备工作如下：

对于 3 个数据集，我们设置高层的数目 H，$K=2$，$\lambda_2=10^{-6}$，其他参数如表 5-2 所示。超参数的选择是由在验证集上最优化 AUC 决定的。为了公平比较，所有基准方法的维度都和表 5-2 中相同，其他的超参数由网格搜索（grid search）决定。对于每个数据集，我们随机选择了 60%的评分作为训练集，20%的评分作为验证集，剩下的作为测试集。每个实验被重复 5 次，我们取最后的平均值作为结果。我们使用 Accuracy（预测正确的条目的比例）和 AUC 作为 CTR 预测中的性能指标，使用 F1@ K 作为 top-K 推荐中的性能指标。

5.6.4 依次训练法的实验结果

5.6.4.1 不同模型的比较

DKN 和基准方法的比较结果如表 5-3 所示。对于每种在其输入中包含了实体向量的基准方法，我们将其输入中的实体向量移除来看性能如何变化（由“(-)”标记）。另外，我们在括号中列出了基准方法相比于 DKN 的性能提高比率，并计算了 t-检验中显著性的 p 值。从实验结果中我们有如下观察：

- 实体向量的使用可以提高大部分基准方法的性能。例如，KPCNN、DeepWide 和 YouTubeNet 的 AUC 分别提高了 1.1%、1.8%和 1.1%。然而，DeepFM 的提升效果并不明显。
- DMF 的表现最差。这是因为 DMF 是基于协同过滤的模型，但是新闻通常都是高度时间敏感的。
- 除了 DMF，其他深度学习模型比 LibFM 提高了 2.0%到 5.2%的 F1，和 1.5%到 4.5%的 AUC。这表明深度学习模型在文本挖掘方面确实有效。
- 在我们的实现中，DeepWide 和 YouTubeNet 的结构相似，它们的性能表现也很相近。DSSM 的性能好于

DeepWide 和 YouTubeNet，这可能是由于 DSSM 使用了词哈希的技术。

- KPCNN 在基准方法中表现最好，这是因为 KPCNN 使用了 CNN 来处理文本，可以有效地抓住句子中的特定的局部模式。
- 最后，和 KPCNN 相比，DKN 依然实现了 1.7%的 AUC 提升。我们将 DKN 的优越性归因到两方面：①DKN 使用单词-实体对齐的 KCNN 进行语句特征学习，这可以更好地保存单词和实体之间的关联；②DKN 使用了注意力网络来有区别地对待用户历史记录，这有助于更好地对用户多样化的阅读兴趣进行建模。

表 5-3 依次训练法中 DKN 和基准方法的实验结果比较

模型*	F1	AUC	p 值**
DKN	**68.9±1.5**	**65.9±1.2**	-
LibFM	61.8±2.1 (−10.3%)	59.7±1.8 (−9.4%)	$<10^{-3}$
LibFM(−)	61.1±1.9 (−11.3%)	58.9±1.7 (−10.6%)	$<10^{-3}$
KPCNN	67.0±1.6 (−2.8%)	64.2±1.4 (−2.6%)	0.098
KPCNN(−)	65.8±1.4 (−4.5%)	63.1±1.5 (−4.2%)	0.036
DSSM	66.7±1.8 (−3.2%)	63.6±2.0 (−3.5%)	0.063
DSSM(−)	66.1±1.6 (−4.1%)	63.2±1.8 (−4.1%)	0.045
DeepWide	66.0±1.2 (−4.2%)	63.3±1.5 (−3.9%)	0.039
DeepWide(−)	63.7±0.9 (−7.5%)	61.5±1.1 (−6.7%)	0.004
DeepFM	63.8±1.5 (−7.4%)	61.2±2.3 (−7.1%)	0.014
DeepFM(−)	64.0±1.9 (−7.1%)	61.1±1.8 (−7.3%)	0.007
YouTubeNet	65.5±1.2 (−4.9%)	63.0±1.4 (−4.4%)	0.025
YouTubeNet(−)	65.1±0.7 (−5.5%)	62.1±1.3 (−5.8%)	0.011
DMF	57.2±1.2 (−17.0%)	55.3±1.0 (−16.1%)	$<10^{-3}$

图 5-10 展示了 DKN 和基准方法在额外的 10 天测试中的 AUC 的结果。我们可以看到 DKN 的曲线在 10 天中一直在所有 baseline 的上方。另外，相比于基准方法，DKN 的表现的方差也较低，这说明 DKN 是一个很鲁棒且稳定的模型。

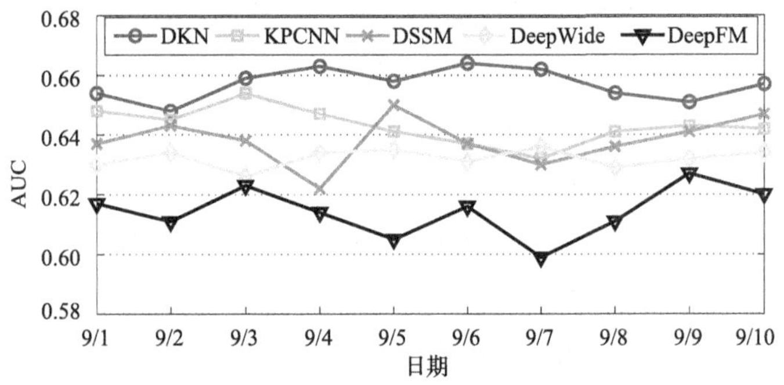

图 5-10 DKN 和基准方法在 2017 年 9 月 1 日至 10 日中的 AUC 的结果

5.6.4.2 DKN 变种之间的比较

我们进一步按照以下 4 个方面比较了 DKN 及其变种：知识图谱的使用、知识图谱特征学习方法的选择、转换函数的选择、注意力网络的使用。结果如表 5-4 所示，从中我们可以看出：

- 实体向量和上下文向量的使用分别提高了 1.3%和 0.7%的 AUC，我们可以通过结合二者取得更好的表现。这个发现证明了 DKN 模型中引入知识图谱的有效性。

- DKN + TransD 超越了其他的组合。这可能是因为 TransD 是最复杂的一种模型，可能更好地抓住知识图谱的非线性关系并学习实体向量。
- 有映射函数的 DKN 比没有映射函数的 DKN 表现更好，且非线性函数优于线性函数。这个结果说明转换函数可以减轻词汇和实体空间的异构性，且非线性映射能取得更好的表现。
- 注意力网络为 DKN 模型带来了额外的 1.7%的 F1 指标提升和 0.9%的 AUC 指标提升。我们会在下一节中给出注意力网络的一个直观的展示。

表 5-4　DKN 变种之间的比较

变种	F1	AUC
DKN（基于实体和上下文向量）	**68.8±1.4**	**65.7±1.1**
DKN（只有实体向量）	67.2±1.2	64.8±1.0
DKN（只有上下文向量）	66.5±1.5	64.2±1.3
DKN（没有实体和上下文向量）	66.1±1.4	63.5±1.1
DKN+TransE	67.6±1.6	65.0±1.3
DKN+TransH	67.3±1.3	64.7±1.2
DKN+TransR	67.9±1.5	65.1±1.5
DKN+TransD	**68.8±1.3**	**65.8±1.4**
DKN（有非线性映射函数）	**69.0±1.7**	**66.1±1.4**
DKN（有线性映射函数）	67.1±1.5	64.9±1.3
DKN（无映射函数）	66.7±1.6	63.7±1.6
DKN（有注意力网络）	**68.7±1.3**	**65.7±1.2**
DKN（无注意力网络）	67.0±1.0	64.8±0.8

5.6.4.3 案例研究

为了更好地展现知识图谱和注意力网络的作用，我们随机采样了一个用户，并摘取了他在训练集和测试集中的所有样本（训练集中标签为0的样本被忽略）。如表5-5所示，该用户点击过的新闻明显表现出他的兴趣点：第1~3条和车有关，第4~6条和政治有关（类别并非原数据集提供，而是由我们手工标记）。我们使用了整个训练集来训练完整版本的DKN，以及没有实体/上下文向量的DKN。然后将该用户的所有训练/测试样本对输入模型中，并记录注意力网络的输出。结果如图5-11所示，其中越深的蓝色表示越大的注意力值。从图5-11a中我们可以看出，第1个测试样本与训练样本中标签为Cars的样本有较高的注意力值，因为它们共享了相同的单词“Tesla”。但是第2个测试样本的结果却较差，因为它没有和任何训练样本有显式的词汇上的相似。第3条训练样本也类似。相反，在图5-11b中我们看到注意力网络准确地抓住了两个类别“Cars”和“Politics”内部的关联。这是因为，在知识图谱中，“General Motors”和“FordInc.”实体与“Tesla Inc.”和“Elon Musk”实体共享了大量的上下文，而且“Jeh Johnson”和“Russian”也与“Donald Trump”紧密相关。注意力网络的不同响应也影响了最终的预测结果：有知识图谱的DKN（图5-11b）预测正确了所有的测试样本，而无知识图谱的DKN（图5-11a）在第3条上预测错误。

表 5-5 一个随机采样用户的训练集和测试集（标签为 0 的训练样本被忽略）

	序号	日期	新闻标题	实体	标签	分类
训练	1	12/25/2016	Elon Musk teases huge upgrades for Tesla's supercharger network	Elon Musk；Tesla Inc.	1	Cars
	2	03/25/2017	Elon Musk offers Tesla Model 3 sneak peek	Elon Musk；Tesla Model 3	1	Cars
	3	12/14/2016	Google fumbles while Tesla sprints toward a driverless future	Google Inc.；Tesla Inc.	1	Cars
	4	12/15/2016	Trump pledges aid to Silicon Valley during tech meeting	Donald Trump；Silicon Valley	1	Politics
	5	03/26/2017	Donald Trump is a big reason why the GOP kept the Montana House seat	Donald Trump；GOP；Montana	1	Politics
	6	05/03/2017	North Korea threat：Kim could use nuclear weapons as “blackmail”	North Korea；Kim Jong-un	1	Politics
	7	12/22/2016	Microsoft sells out of unlocked Lumia 950 and Lumia 950 XL in the US	Microsoft；Lumia；United States	1	Other
	8	12/08/2017	6. 5 magnitude earthquake recorded off the coast of California	earthquake；California	1	Other
			……			
测试	1	07/08/2017	Tesla makes its first Model 3	Tesla Inc；Tesla Model 3	1	Cars
	2	08/13/2017	General Motors is ramping up its self-driving car：Ford should be nervous	General Motors；Ford Inc.	1	Cars
	3	06/21/2017	Jeh Johnson testifies on Russian interference in 2016 election	Jeh Johnson；Russian	1	Politics
	4	07/16/2017	“Game of Thrones” season 7 premiere：how you can watch	Game of Thrones	0	Other

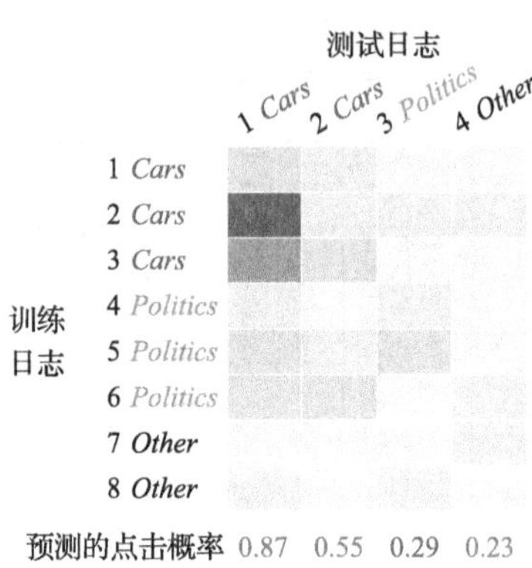

a）无知识图谱

测试日志

1 Cars 2 Cars 3 Politics 4 Other

1 Cars

2 Cars

3 Cars

训练日志

4 Politics

5 Politics

6 Politics

7 Other

8 Other

预测的点击概率 0.91 0.75 0.86 0.32

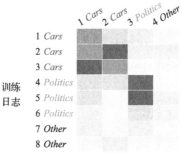

b）有知识图谱

图 5-11 一个随机采样用户的训练集和测试集的注意力值的可视化结果（见彩插）

5.6.4.4 超参数敏感性

在本节中我们研究 DKN 的超参数敏感性。我们首先研究了词向量的维度 d 和实体向量的维度 k 是如何影响 DKN 的性能的。我们使用了 d 和 k 在集合 $\{20,50,100,200\}$ 中对所有的组合做了测试，结果如图 5-12a 所示。我们观察到给定实体向量维度 k，DKN 的性能一开始会随着词向量的维度 d 的增长而增长，随后会下降，反之类似。我们也进一步研究了 KCNN 中的卷积核窗口大小和卷积核的数量的影响。如图 5-12b 所示，给定卷积核窗口大小，AUC 的指标一开始随

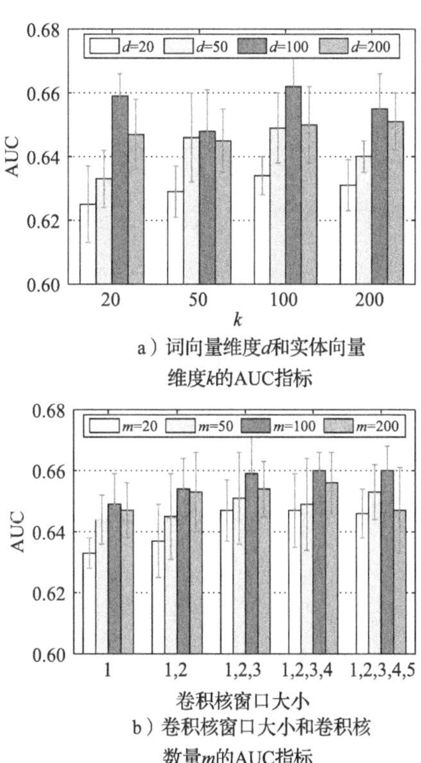

a）词向量维度d和实体向量维度k的AUC指标

b）卷积核窗口大小和卷积核数量m的AUC指标

图 5-12　DKN 的超参数敏感性

着卷积核数目的增长而增长，这是因为更多的卷积核可以捕获输入中更多的局部特征。然而当 m 过大时（$m=200$）性能也会下降。同样的现象也出现在卷积核窗口大小上。

5.6.5 交替训练法的实验结果

5.6.5.1 实证研究

为了研究推荐系统中的物品和它们在知识图谱中对应的实体之间的关联，我们进行了一项实证研究。具体来说，我们的目标是观察一对物品在知识图谱中的共同邻居的数量是如何随着它们在推荐系统中的共同评分者的数量的变化而变化的。为此，我们首先从 MovieLens-1M 中随机选择了 100 万对物品。然后，基于每一对物品在推荐系统中的共同评分者的数量，我们将其分成了 5 类，然后统计每一类中的物品对在知识图谱中对应的实体的共同邻居的平均值。结果如图 5-13a 所示，我们可以清楚地看出，如果两个物品在推荐系统中有更多的共同评分者，那么它们可能在知识图谱中共享更多的邻居。图 5-13b 从另一个方向展示了两者的正相关性。以上发现经验性地证实了推荐系统中的物品和知识图谱中的实体共享了相似的邻近结构，因此，两者之间的知识迁移有利于提高 MKR 中两个任务的表现。

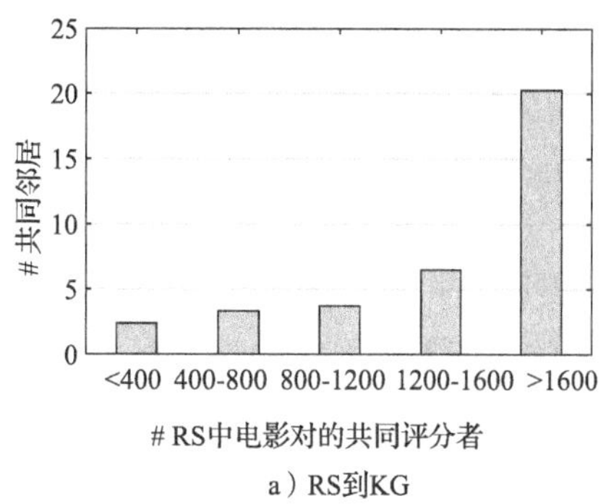

a）RS到KG

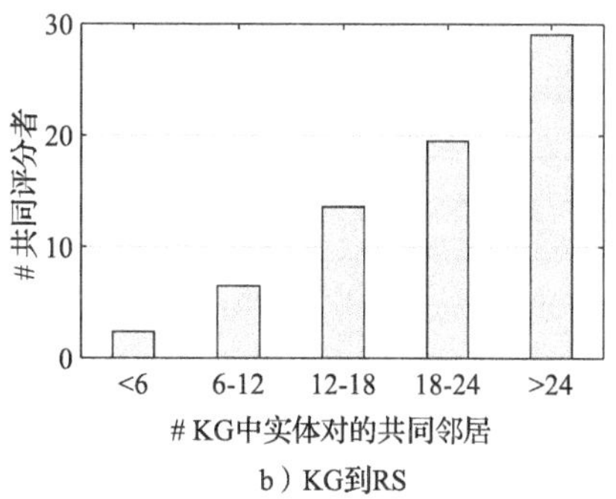

b）KG到RS

图 5-13 MovieLens-1M 数据集中，一对物品在知识图谱中的共同邻居的数量和它们在推荐系统中的共同评分者的数量的关联

5.6.5.2 与基准方法的比较

CTR 预测场景和 top-K 推荐场景中的所有方法的结果分别如表 5-6 和图 5-14 所示。我们有如下的观察：①PER 在电影和图书推荐上的表现比较差，因为预定义的元路径（meta-path）

表 5-6　CTR 预测场景中 MKR 和基准方法的 AUC 与 Accuracy 的结果

模型	MovieLens-1M		Book-Crossing		Bing-News	
	AUC	ACC	AUC	ACC	AUC	ACC
PER	0. 710	0. 664	0. 623	0. 588	–	–
CKE	0. 801	0. 742	0. 671	0. 633	0. 553	0. 516
DKN	0. 655	0. 589	0. 622	0. 598	0. 667	0. 610
LibFM	0. 892	0. 812	0. 685	0. 640	0. 640	0. 591
Wide&Deep	0. 898	0. 820	0. 712	0. 624	0. 651	0. 597
MKR	**0. 916**	**0. 842**	**0. 735**	**0. 705**	**0. 689**	**0. 622**
MKR-1L	–	–	0. 724	0. 695	0. 680	0. 611
MKR-DCN	0. 883	0. 802	0. 705	0. 676	0. 671	0. 594
MKR-stitch	0. 905	0. 830	0. 721	0. 682	0. 674	0. 601

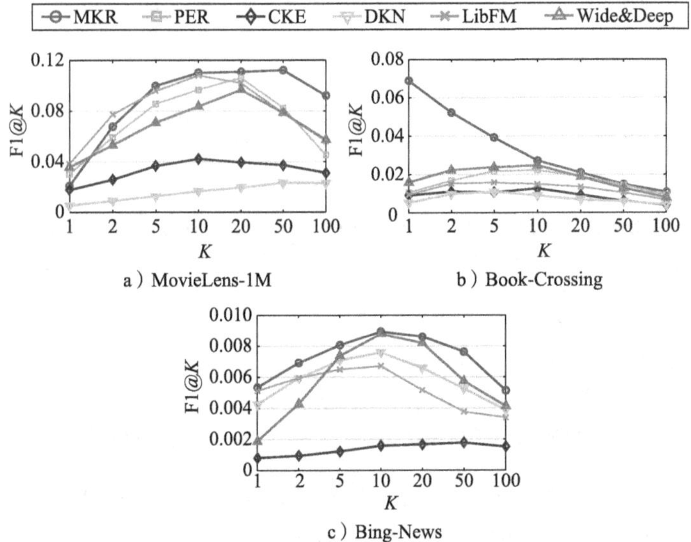

图 5-14　top-*K* 推荐场景中 MKR 和基准方法的 F1@*K* 的结果

很难达到最优。另外，PER 无法应用到新闻推荐中。②和其他基准方法相比，DKN 在新闻推荐中表现最好，但是 DKN 在电影和图书推荐中表现最差。这是因为电影和图书名称通常非常短，很难提供有用的文本信息。③MKR 在 3 个数据集上都取得了最好的表现。具体来说，MKR 在电影、图书和新闻推荐中分别超越了基准方法 2.0% 至 39.8%、3.2% 至 18.2%、3.3%至 24.6%的 AUC 分值。

5.6.5.3 与 MKR 变种的比较

我们进一步比较了 MKR 及其 3 个变种来展现交叉压缩单元的效果：MKR-1L 是指只有 1 层交叉压缩单元的 MKR，它对应了命题 5.2 中的分解机模型；MKR-DCN 是基于式(5-34)的变种，它对应了 DCN 模型；MKR-stitch 是 MKR 另一个对应了十字绣网络的变种，其中式(5-35)中的转移权重被替换为 4 个可训练的标量。从表 5-6 中我们可以看出，MKR 的表现超越了 MKR-1L 和 MKR-DCN，这说明模拟物品和实体特征的高阶交互有利于提高 MKR 的性能。MKR 也超越了 MKR-stitch，这说明了细粒度地控制知识迁移比简单的十字绣单元更有效。

5.6.5.4 知识图谱特征学习端的表现

尽管 MKR 的目标是使用知识图谱辅助推荐系统，一个有趣的问题是推荐系统是否反过来有利于知识图谱特征学习，因为多任务学习的核心是使用共享信息提升所有任务的性能[167]。我们在表 5-7 中展示了知识图谱特征学习任务中的预测尾节点和真实尾节点的 RMSE（均方根误差）。幸运的是，我们发现推荐系统模块的存在确实降低了 5.3%～6.4% 的预测误差率。这个结果表明，交叉压缩单元可以学到通用的共享特征，使得 MKR 的两端同时受益。

表 5-7 MKR 中知识图谱特征学习任务上的 3 个数据集的 RMSE 的结果。“KGE”的意思是只有知识图谱特征学习模块被训练，“KGE+RS”的意思是知识图谱特征学习模块和推荐系统模块同时被训练

数据集	KGE	KGE+RS
MovieLens-1M	0.319	**0.302**
Book-Crossing	0.596	**0.558**
Bing-News	0.488	**0.459**

5.6.5.5 知识图谱大小的影响

我们变化了知识图谱的大小来进一步研究知识图谱的使用效果。图 5-15a 展示了 Bing-News 数据集上的 AUC 的结果。具体来说，当知识图谱的比率从 0.1 提升到 1.0 时，AUC 和 Accuracy 指标被分别提升了 13.6%和 11.8%。这是因为 Bing-News 数据集非常稀疏，使得知识图谱的使用非常有效。

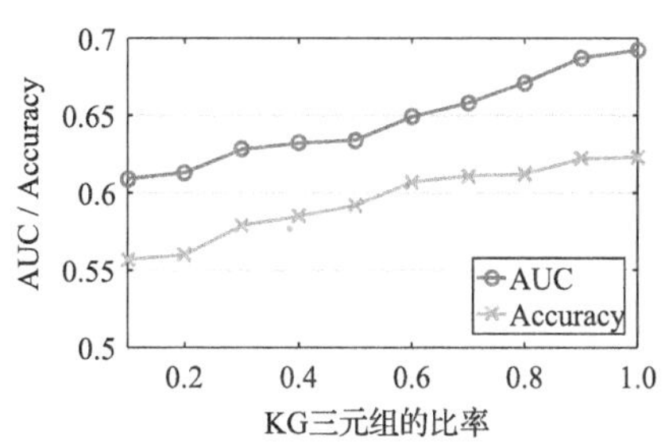

a）不同知识图谱比率的MKR在必应新闻上的性能

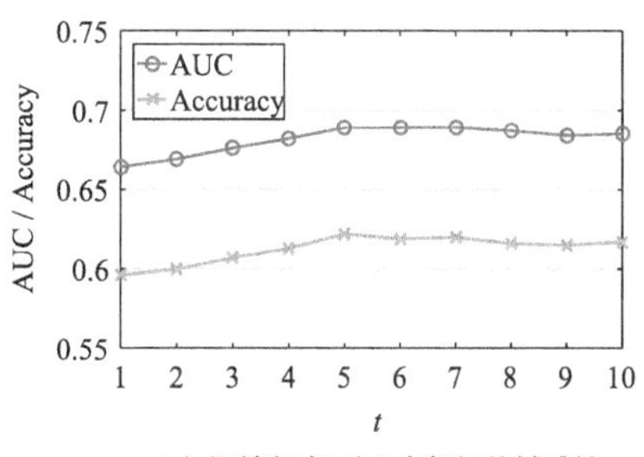

b）训练频率t对必应新闻的敏感性

图 5-15 MKR 的超参数敏感性

5.6.5.6 知识图谱特征学习模块的训练频率的影响

我们将 t 从 1 变化到 10 来研究知识图谱特征学习模块的训练频率的影响，结果如图 5-15b 所示。我们观察到 MKR 在 $t=5$ 时表现最佳。这是因为一个更高的训练频率会使得知识图谱特征学习模块误导 MKR 的推荐目标，而一个很低的训练频率会让推荐系统无法充分地利用来自知识图谱迁移过来的知识。

5.7 本章小结

本章研究了知识图谱辅助的推荐系统中的基于特征的方法。我们将知识图谱特征学习和推荐系统视为两个任务，并按照它们训练设置的不同，提出了两种方法：依次训练法和交替训练法：

①依次训练法首先使用知识图谱特征学习方法得到实体向量，然后在后续的推荐算法中使用这些实体向量。我们提出了 DKN，一种依次训练法的代表。DKN 是一个用于新闻推荐的知识图谱感知的深度神经网络。DKN 的主要结构包括 KCNN 和注意力网络：KCNN 用来从语义层面和知识层面联合学习新闻标题的特征，KCNN 中的多个通道和对齐设置使得它可以很好地结合来自异构源的信息。注意力网络用来建模用户多样化的历史记录对当前候选新闻的不同影响，注意力网络在计算用户特征时对其历史记录进行了动态加权聚合。

②交替训练法将知识图谱特征学习和推荐系统视为两个相关的任务，并设计了一种多任务学习框架，交替优化二者的目标函数。我们提出了 MKR，一种交替学习法的代表。MKR 是一个深度端到端多任务学习网络，包含了推荐系统模块和知识图谱特征学习模块。两个模块都使用了多个非线性

层来提取输入的隐含特征和模拟交互行为。由于这两个任务并非独立，而是由推荐系统中的物品和知识图谱中的实体相连接，我们设计了一个交叉压缩单元来关联这两个任务。交叉压缩单元可以自动学习物品和实体特征的高阶交互并控制任务间的知识迁移。我们通过理论和实验证明了交叉压缩单元的优越性。

第 6 章

知识图谱辅助的推荐系统——基于结构的方法

6.1 引言

在第 5 章中我们研究了知识图谱辅助的推荐系统的基于特征的方法。和第 4 章类似，本章将从另外一个角度来研究如何将知识图谱和推荐系统进行结合，即基于结构的方法。基于结构的方法会更加直接地使用知识图谱的结构特征。具体来说，对于知识图谱中的每一个实体，我们都进行宽度优先搜索（breath-first search）来获取其在知识图谱中的多跳关联实体。根据利用关联实体的技术的不同，我们在本章提出两种方法，即**向外传播法**（outward propagation）和**向内聚合法**（inward aggregation）。如图 6-1 所示。

◆ **向外传播法**

向外传播法模拟了用户的兴趣在知识图谱上的传播过程。本章中我们提出 RippleNet 模型，一种向外传播法的代表。RippleNet 的核心思想是*兴趣传播*（preference propagation）：对于每个用户，我们都将其历史兴趣作为知识图谱上的种子集合（seed set），然后沿着知识图谱中的连接迭代地向外扩展用户的兴趣。我们将兴趣传播类比为水面上由水滴滴落产生的波纹（ripple）的传播过程，在这一过程中，多个“波纹”发生了干涉叠加（superposition）效应，从而形成了用户兴趣在知识图谱上的分布。和现有的基于路径的方法（PER[165]、meta-graph[168]）相比，RippleNet 最大的优势在于它可以自动地发现从用户历史点击过的物品到候选物品的可能路径，而不需要任何人工设计元路径（meta-path）或元图（meta-graph）。

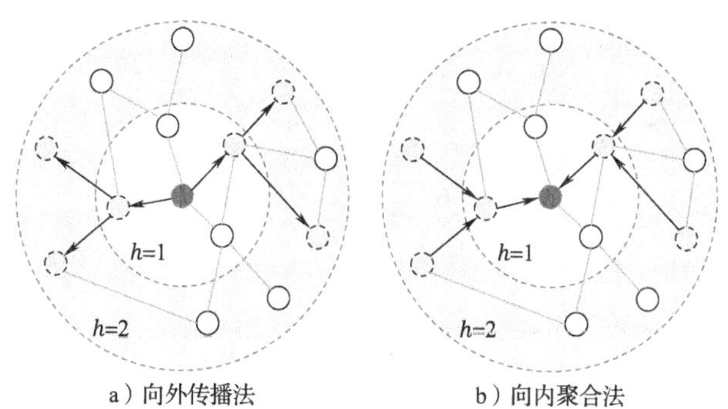

图 6-1 知识图谱辅助的推荐系统中的两种基于结构的方法：向外传播法和向内聚合法（注意箭头的方向）

我们将 RippleNet 应用到了 3 个真实的推荐场景：电影、图书和新闻推荐的数据集上。实验结果表明，和现有基准方法相比，RippleNet 分别实现了 2.0% 至 40.6%、2.5% 至 17.4%、2.6%至 22.4%的 AUC 提升。我们也发现了 RippleNet 为推荐系统提供了一个新的和知识图谱相关的可解释性（explainability）。

◆ **向内聚合法**

向内聚合法在学习知识图谱实体特征的时候聚合了该实体的邻居特征表示。本章中，受到图卷积网络（Graph Convolutional Networks，GCN）[86,169-173] 将 CNN 推广到图领域的启发，我们提出 KGCN（Knowledge Graph Convolutional Networks），一种向内聚合法的代表。KGCN 的核心思想是在计算知识图谱中的一个给定实体的特征时，将其邻居节点的信息有偏见地（biasedly）聚合起来并融入该实体的特征。这样的设计有两个含义：①通过邻居聚合的操作，每个实体的特征的计算都结合了其邻近结构信息（我们会在后面的讨论中看到这对推荐系统是如何起作用的）；②邻居的聚合操作中的权值是由连接关系和特定的用户决定的，这同时刻画了知识图谱的语义信息和用户的个性化兴趣。注意到一个实体的邻居的数量是不同的，在极端情况下可能会非常多。为此，我们借鉴了 GCN 的思想，在 KGCN 中采样了一个固定大小的邻居集合作为每个实体的接受野（receptive field）。这种做法使得 KGCN 的计算代价是可控制的，并极大地提升了算法的可扩展性。同时，为了进一步探索实体之间的高阶依赖关系和用户的潜在兴趣，我们自然地将用户的邻居集合扩展到多跳的情况，并设计了多个聚合器（aggregator）来层级地收集其邻居信息。

我们将 KGCN 应用到了 3 个真实的推荐场景：电影、图书和音乐推荐的数据集上。实验结果表明，和现有的基准方法相比，KGCN 分别实现了 4.4%、8.1% 和 6.2% 的平均 AUC 的提升。我们也展示了，即便在知识图谱的容量相当大的情况下，KGCN 依然是一个具有高度可扩展性的方法。

本章提出的两种方法都适合于通用的知识图谱辅助的推荐系统。具体的问题描述和主要记号详见 5.3 节，这里不再赘述。

6.2 向外传播法

6.2.1 RippleNet 模型框架

RippleNet 的模型框架如图 6-2 所示。RippleNet 的输入为一个用户 u 和一个物品 v，输出为预测的用户 u 会点击物品 v 的概率。对于用户 u，他的历史记录中点击过的物品集合 $\mathcal{V}_u$ 被视为知识图谱中的种子（seeds），这些种子沿着知识图谱中的连接向外扩展，形成了多层波纹集合（ripple sets）$\mathcal{S}_u^k(k=1,2,\cdots,H)$。一个波纹集合 $\mathcal{S}_u^k$ 是和种子集合 $\mathcal{V}_u$ 距离为 k 的三元组的集合。这些波纹集合被用来和物品特征（黄色方块）迭代地进行交互，用以获得用户 u 相对于物品 v 的响应（绿色方块）。这些响应最终被组合起来作为用户的特征（灰色方块）。最后，我们使用用户 u 的特征和物品 v 的特征来预测点击概率 $\hat{y}_{uv}$。

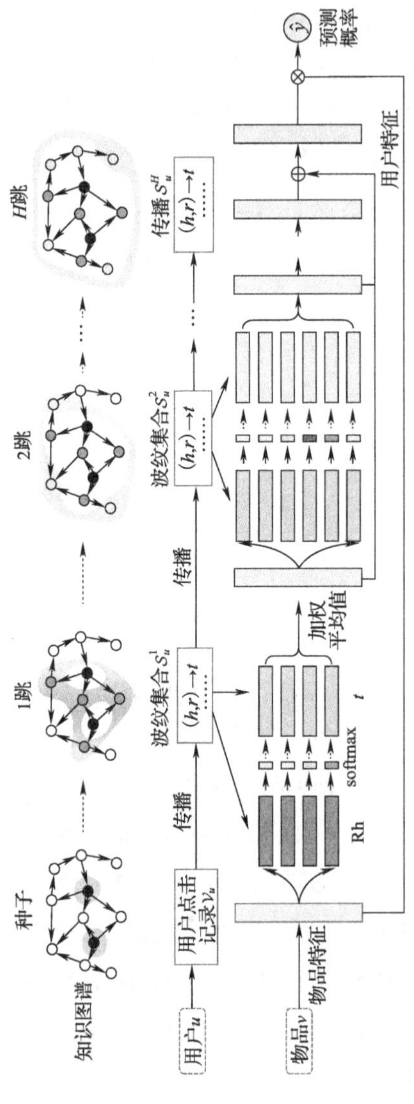

图 6-2 RippleNet 模型框架。上半部分的知识图谱展示了由该用户的点击记录触发的波纹集合（见彩插）

6.2.2 波纹集合

一个知识图谱通常包含了实体之间丰富的事实和连接。例如，在图6-3中，电影“Forrest Gump”与“Robert Zemeckis”（导演）、“Tom Hanks”（主演）、“U. S.”（国家）和“Drama”（类别）相连；而“Tom Hanks”又进一步和他主演过的电影“The Terminal”“Cast Away”相连。知识图谱中这种复杂的连接为我们提供了一个深度的视角来挖掘用户兴趣。例如，如果一个用户看过“Forrest Gump”，他有可能喜欢Tom Hanks，并对电影“The Terminal”和“Cast Away”也感兴趣。为了刻画用户的这种层级扩展的兴趣，在RippleNet中，我们为用户u递归地定义其k跳的相关实体（relevant entity）如下：

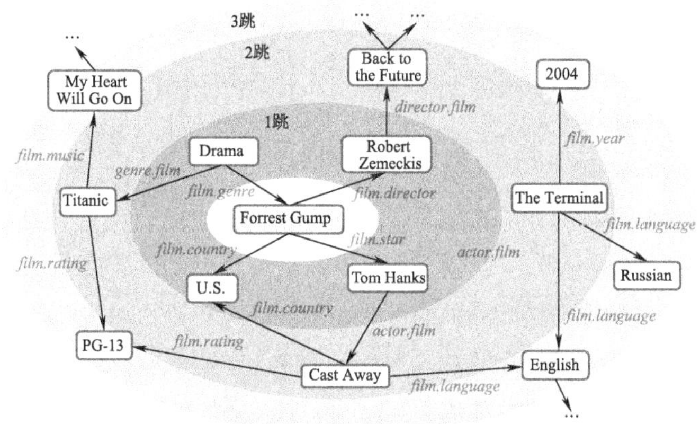

图6-3 “Forrest Gump”在电影知识图谱中的波纹集合。同心圆标记了不同跳数的波纹集合。注意不同跳数的波纹集合在实际中是有可能相交的

定义 6.1（相关实体） 给定交互矩阵 $\boldsymbol{Y}$ 和知识图谱 $\mathcal{G}$，用户 u 的 k 跳的相关实体被定义为

$$\mathcal{E}_u^k = \{t \mid (h,r,t) \in \mathcal{G} \text{ 且 } h \in \mathcal{E}_u^{k-1}\}, \quad k = 1,2,\cdots,H \tag{6-1}$$

其中 $\mathcal{E}_u^0 = \mathcal{V}_u = \{v \mid y_{uv} = 1\}$ 是用户曾经点击过的物品集合，其可以被视为用户 u 在知识图谱中的种子集合。

相关实体可以被视为一个用户的历史兴趣关于知识图谱的自然延伸。给定相关实体的定义，我们将用户 u 的 k 跳的波纹集合（ripple set）定义如下：

定义 6.2（波纹集合） 用户 u 的 k 跳的波纹集合被定义为头节点在 $\mathcal{E}_u^{k-1}$ 中的三元组集合：

$$\mathcal{S}_u^k = \{(h,r,t) \mid (h,r,t) \in \mathcal{G} \text{ 且 } h \in \mathcal{E}_u^{k-1}\}, \quad k = 1,2,\cdots,H \tag{6-2}$$

“波纹”这个词有两个含义。①和真实的由水滴产生的波纹相似，一个用户的潜在兴趣由他的历史爱好激活，并沿着知识图谱中的连接逐层向外、由近及远地传播。我们将这种类比展示在图 6-3 的同心圆中。②波纹集合中体现的用户潜在兴趣的强度随着跳数 k 的增加而逐渐减弱，这也和真实水波逐渐衰减的振幅是类似的。图 6-3 中逐渐变浅的颜色正是表示了中心实体和周围实体间逐渐减弱的关联度。

一个关于波纹集合的担心是它们的大小可能会随着跳数 k 的增加而指数增长。为了回答这个问题，我们需要注意的

是：①真实知识图谱中很多实体都属于“汇实体”（sink entity），意思是它们只有入边，没有出边，例如图 6-3 中的“2004”和“PG-13”；②在特定的推荐场景，比如电影或图书推荐中，关系可以被限定为场景相关的类别（比如，限定关系名中一定要含有“film”或“book”）来减少波纹集合的大小，并提升实体之间的关联度；③在实践中，最大跳数 H 通常不会太大，因为距离用户历史太远的实体通常会带来更多的噪声（我们会在实验部分讨论 H 的选择）；④在 RippleNet 中，我们可以采样一个固定大小的邻居来替代原始的完整的邻居集合。

6.2.3 兴趣传播

传统的基于协同过滤的模型和它们的变种[21,96]学习用户和物品的特征，并使用特定的函数（例如内积）来预测未知的评分。在 RippleNet 中，为了更精细地对用户和物品的交互进行建模，我们提出了一个兴趣传播（preference propagation）模型来挖掘用户对波纹集合的潜在的兴趣。

如图 6-2 所示，每个物品 v 有一个特征表示 $\boldsymbol{v} \in \mathbb{R}^d$，其中 d 是特征维度。根据应用场景的不同，特征表示可以包含 one-hot ID[21]、属性[1]、词袋[97] 或上下文信息[174]。给定物品的特征 $\boldsymbol{v}$ 和用户 u 的一跳波纹集合 $\mathcal{S}_u^1$，$\mathcal{S}_u^1$ 中的每条三元组 (h_i, r_i, t_i) 都被分配了一个相关概率，该相关概率通过比较

物品 v 和三元组中的头节点 h_i、关系 r_i 得到：

$$p_i = \mathrm{softmax}(\boldsymbol{v}^{\mathrm{T}}\boldsymbol{R}_i\boldsymbol{h}_i) = \frac{\exp(\boldsymbol{v}^{\mathrm{T}}\boldsymbol{R}_i\boldsymbol{h}_i)}{\sum_{(h,r,t)\in\mathcal{S}_u^1}\exp(\boldsymbol{v}^{\mathrm{T}}\boldsymbol{R}\boldsymbol{h})} \tag{6-3}$$

其中 $\boldsymbol{R}_i \in \mathbb{R}^{d\times d}$ 和 $\boldsymbol{h}_i \in \mathbb{R}^d$ 分别是关系 r_i 和头节点 h_i 的特征。相关概率 p_i 可以被视为在关系空间 $\boldsymbol{R}_i$ 中衡量的物品 $\boldsymbol{v}$ 和实体 $\boldsymbol{h}_i$ 的相似度。注意到在计算物品 $\boldsymbol{v}$ 和实体 $\boldsymbol{h}_i$ 的关联度的时候，考虑关系特征 $\boldsymbol{R}_i$ 是必要的，因为一个物品-实体对在不同关系的衡量下可能有不同的关联度。例如，“Forrest Gump”和“Cast Away”在考虑导演和演员的时候是高度相似的，但是在考虑类别或编剧的时候相似度会小很多。

在得到了相关概率之后，我们对 $\mathcal{S}_u^1$ 中的尾节点加权求和，权重即为相关概率。由此，我们得到了 $\boldsymbol{o}_u^1$：

$$\boldsymbol{o}_u^1 = \sum_{(h_i,r_i,t_i)\in\mathcal{S}_u^1} p_i\boldsymbol{t}_i \tag{6-4}$$

其中 $\boldsymbol{t}_i \in \mathbb{R}^d$ 是尾节点 t_i 的特征。向量 $\boldsymbol{o}_u^1$ 可以被视为用户 u 的点击记录 $\mathcal{V}_u$ 关于物品 v 的一阶响应。该方法和基于物品的协同过滤[21,97]（item-based CF）方法类似，其中一个用户并不由一个独立的向量表示，而是由他点击过的物品的集合表示。通过式(6-3)和式(6-4)中的操作，一个用户的兴趣便由他的历史记录 $\mathcal{V}_u$ 沿着 $\mathcal{S}_u^1$ 中的边转移到了一跳的相关实体 $\mathcal{E}_u^1$ 中。这在 RippleNet 中叫作兴趣传播。

注意到如果把式(6-3)中的 $\boldsymbol{v}$ 换成 $\boldsymbol{o}_u^1$，我们可以重复兴趣传播的过程，得到用户 u 的二阶相应 $\boldsymbol{o}_u^2$。这一过程可以迭

代地在用户 u 的波纹集合 $\mathcal{S}_u^i$，$i=1,\cdots,H$ 上进行。因此，一个用户的兴趣便传播到了他的历史记录的 H 跳之外，我们也得到了用户 u 的多个不同阶数的响应：$\boldsymbol{o}_u^1,\boldsymbol{o}_u^2,\cdots,\boldsymbol{o}_u^H$。用户 u 关于物品 v 的特征可以被计算为融合他的所有阶数的响应：

$$\boldsymbol{u}=\boldsymbol{o}_u^1+\boldsymbol{o}_u^2+\cdots+\boldsymbol{o}_u^H \tag{6-5}$$

注意到尽管用户的最后一跳的响应 $\boldsymbol{o}_u^H$ 理论上包含了所有之前跳的信息，但是依然有必要把小跳数 k 的响应 $\boldsymbol{o}_u^k$ 考虑进来，因为他们在 $\boldsymbol{o}_u^H$ 中很可能被稀释了。最后，我们结合用户特征和物品特征来计算预测的点击概率：

$$\hat{y}_{uv}=\sigma(\boldsymbol{u}^{\mathrm{T}}\boldsymbol{v}) \tag{6-6}$$

其中 $\sigma(x)=\dfrac{1}{1+\exp(-x)}$是 sigmoid 函数。

6.2.4 学习算法

在 RippleNet 中，我们的目标是最大化观测到的知识图谱 $\mathcal{G}$ 和交互矩阵 $\boldsymbol{Y}$ 之后的模型参数 $\boldsymbol{\Theta}$ 的后验概率：

$$\max p(\Theta \mid \mathcal{G},\ \boldsymbol{Y}) \tag{6-7}$$

其中 Θ 包含了所有实体、关系和物品的特征。根据贝叶斯定理，这等价于最大化

$$p(\Theta \mid \mathcal{G},\boldsymbol{Y})=\frac{p(\Theta,\mathcal{G},\boldsymbol{Y})}{p(\mathcal{G},\boldsymbol{Y})}\propto p(\Theta)\cdot p(\mathcal{G}\mid\Theta)\cdot p(\boldsymbol{Y}\mid\Theta,\mathcal{G}) \tag{6-8}$$

在式(6-8)中，第1项$p(\Theta)$是模型参数Θ的先验概率。类似于文献［117］，我们将$p(\Theta)$设置为均值为0、方差为对角矩阵的高斯分布：

$$p(\Theta) = \mathcal{N}(0, \lambda_1^{-1}\boldsymbol{I}) \tag{6-9}$$

式(6-8)的第2项是在给定Θ后观测到知识图谱$\mathcal{G}$的似然(likelihood)。最近，研究者们提出了很多知识图谱特征学习方法，包括基于距离的翻译模型[82,84]和基于语义的匹配模型[157,158]。在RippleNet中，我们使用一个3路张量分解（three-way tensor factorization）方法来定义知识图谱的似然：

$$\begin{aligned} p(\mathcal{G} \mid \Theta) &= \prod_{(h,r,t) \in \mathcal{E}\times\mathcal{R}\times\mathcal{E}} p((h,r,t) \mid \Theta) \\ &= \prod_{(h,r,t) \in \mathcal{E}\times\mathcal{R}\times\mathcal{E}} \mathcal{N}(I_{h,r,t} - \boldsymbol{h}^{\mathrm{T}}\boldsymbol{R}\boldsymbol{t}, \lambda_2^{-1}) \end{aligned} \tag{6-10}$$

其中如果$(h,r,t) \in \mathcal{G}$，指示器$I_{h,r,t}$等于1；否则为0。基于式(6-10)中的定义，知识图谱特征学习中的实体-实体评分函数和兴趣传播中的物品-实体评分函数就统一在了一个相同的计算模型下。式(6-8)的最后一项是在给定Θ和知识图谱之后的交互矩阵的似然，基于式(6-1)~式(6-6)，它被定义为伯努利分布的乘积：

$$p(\boldsymbol{Y} \mid \Theta, \mathcal{G}) = \prod_{(u,v) \in \boldsymbol{Y}} \sigma(\boldsymbol{u}^{\mathrm{T}}\boldsymbol{v})^{y_{uv}} \cdot (1 - \sigma(\boldsymbol{u}^{\mathrm{T}}\boldsymbol{v}))^{1-y_{uv}} \tag{6-11}$$

在对式(6-8)取负对数之后，我们得到了如下的损失函数：

$$\min \mathcal{L} = -\log(p(\boldsymbol{Y} \mid \Theta,\mathcal{G}) \cdot p(\mathcal{G} \mid \Theta) \cdot p(\Theta))$$
$$= \sum_{(u,v)\in \boldsymbol{Y}} -(y_{uv}\log\sigma(\boldsymbol{u}^{\mathrm{T}}\boldsymbol{v}) + (1-y_{uv})\log(1-\sigma(\boldsymbol{u}^{\mathrm{T}}\boldsymbol{v}))) +$$
$$\frac{\lambda_2}{2}\sum_{r\in\mathcal{R}} \|\boldsymbol{I}_r - \boldsymbol{E}^{\mathrm{T}}\boldsymbol{R}\boldsymbol{E}\|_2^2 + \frac{\lambda_1}{2}(\|\boldsymbol{V}\|_2^2 + \|\boldsymbol{E}\|_2^2 + \sum_{r\in\mathcal{R}}\|\boldsymbol{R}\|_2^2) \tag{6-12}$$

其中 $\boldsymbol{V}$ 和 $\boldsymbol{E}$ 分别是所有物品和实体的特征矩阵，$\boldsymbol{I}_r$ 是指示器张量 $\boldsymbol{I}$ 关于关系 r 的分片，$\boldsymbol{R}$ 是关系 r 的特征。在式(6-12)中，第 1 项衡量了交互矩阵的真实值 $\boldsymbol{Y}$ 和 RippleNet 预测值之间的交叉熵损失；第 2 项衡量了知识图谱的真实值 $\boldsymbol{I}_r$ 和重构的指示器矩阵 $\boldsymbol{E}^{\mathrm{T}}\boldsymbol{R}\boldsymbol{E}$ 的平方误差，第 3 项是防止过拟合的正则项。

直接最优化上述目标是不可行的，因此，我们使用随机梯度下降（SGD）算法来迭代优化损失函数。RippleNet 的学习算法如算法 6-1 所示。在每个训练轮中，为了让计算更有效率，类似于文献［68］中使用的负样本技术，我们从 $\boldsymbol{Y}$ 中随机采样了一批正负交互样本，从 $\mathcal{G}$ 随机采样了一批真假三元组。然后我们计算损失 $\mathcal{L}$ 关于模型参数 Θ 的梯度，并根据反向传播更新所有参数。我们会在实验部分讨论超参数的选择。

算法 6-1　RippleNet 的学习算法

输入： 交互矩阵 $\boldsymbol{Y}$，知识图谱 $\mathcal{G}$
输出： 预测函数 $\mathcal{F}(u,v \mid \Theta)$

```
初始化所有参数；
为每个用户 u 计算波纹集合 {S_u^k}_{k=1}^H；
for 训练总轮数 do
    从 Y 中采样正负交互的一个批量；
    从 G 中采样真假三元组的一个批量；
    根据式(6-3)～式(6-12)在该批量上使用反向传播法计算
    梯度 ∂L/∂V、∂L/∂E、{∂L/∂R}_{r∈R} 和 {∂L/∂α_i}_{i=1}^H；
    使用梯度下降法，以学习率 η 来更新 V、{R}_{r∈R} 和 {α_i}_{i=1}^H；
end for
return F(u,v | Θ)
```

6.2.5 可解释性与干涉加强的讨论

6.2.5.1 可解释性

可解释推荐系统（explainable recommender systems）[175]的目标是揭示为什么一个用户会喜欢一个特定的物品，这有助于提高用户对推荐结果的接受度和满意度，提升用户对推荐系统的信任度。可解释推荐系统中的解释通常是基于团体标签（community tags）[176]、社交网络[177]、方面（aspect）[178]和情感（sentiment）[179]。由于 RippleNet 基于知识图谱挖掘用户的兴趣，因此它提供了一个新的可解释性的角度，即在知识图谱上追踪从一个用户的历史记录到一个候选物品的高相关概率（式(6-3)）的路径。例如，如果实体“Back to the Future”在一个用户的一跳和二跳波纹集合中分别与“Forrest Gump”和“Robert Zemeckis”有很高的相关概率，则该用户对电影“Back to the Future”的兴趣可以被解释为路径“user $\xrightarrow{\text{watched}}$ Forrest Gump $\xrightarrow{\text{directed by}}$ Robert Zemeckis $\xrightarrow{\text{directs}}$ Back to the Future”。注意到和基于路径的方法[165,168]中手动定义路径模式不同，RippleNet 会根据相关概率自动地发现可能的解释路径。我们会在实验部分给出一个可视化的例子来形象地展示 RippleNet 的可解释性。

6.2.5.2 干涉加强

RippleNet 中的一个常见现象是一个用户的波纹集合可能会很大，这无疑会在兴趣传播时稀释用户的潜在兴趣。然而，我们观察到在一个用户的历史记录中，不同物品的相关实体经常高度重合。换句话说，经常可以发现通过多条路径从一个用户的历史记录出发达到一个知识图谱中的一个实体。例如，“Saving Private Ryan”通过演员“Tom Hanks”、导演“Steven Spielberg”和类别“War”，分别与一个看过“The Terminal”“Jurassic Park”和“Braveheart”的用户相连。这些并列的路径极大地提高了一个用户对于重合实体的兴趣。我们将这种情形叫作干涉加强（ripple superposition），因为它类似于物理学中的干涉现象：两个波相遇叠加后在某些特定区域的振幅会得到加强。干涉加强现象在图 6-2 的第 2 个知识图谱中有展示，其中在中下部两个实体周围的深红色表明了这里可能存在更高强度的用户兴趣。我们会在实验部分继续讨论干涉加强。

6.3 向内聚合法

在本节中我们以 KGCN 为例，介绍向内聚合法的基本思想。我们首先介绍单层的 KGCN，然后给出 KGCN 的完整的学习算法。我们也会给出一个关于 KGCN 是如何利用知识图谱的讨论。

6.3.1 KGCN 层

KGCN 的核心思想是抓住知识图谱中实体之间的高阶结构邻近关系。我们首先介绍 KGCN 的一层。考虑一个用户 u 和物品（实体）v。我们使用 $\mathcal{N}(v)$ 表示直接和 v 相连的实体的集合[⊖]，r_{e_i,e_j} 表示连接 e_i 和 e_j 的关系。我们使用函数 g: $\mathbb{R}^d\times\mathbb{R}^d\rightarrow\mathbb{R}$ 来计算一个用户和一个关系之间的分值：

$$\boldsymbol{\pi}_r^u = g(\boldsymbol{u},\ \boldsymbol{r}) \tag{6-13}$$

其中 $\boldsymbol{u}\in\mathbb{R}^d$ 和 $\boldsymbol{r}\in\mathbb{R}^d$ 分别是用户 u 和关系 r 的特征，d 是特征的维度。一般而言，$\boldsymbol{\pi}_r^u$ 刻画了关系 r 对于用户 u 的重要程度：一个用户可能会对和他历史观看过的电影中有共同“主演”的电影更感兴趣，另一个用户可能会更多地关注电影的“类别”。

⊖ 在 KGCN 中，知识图谱 $\mathcal{G}$ 被视为是无向图。

为了对物品 v 的邻近结构进行建模，我们计算了 v 的邻居的线性组合：

$$\boldsymbol{v}_{\mathcal{N}(v)}^{u}=\sum_{e\in\mathcal{N}(v)}\tilde{\pi}_{r_{v,e}}^{u}\boldsymbol{e} \tag{6-14}$$

其中 $\tilde{\pi}_{r_{v,e}}^{u}$ 是归一化的用户-关系分值

$$\tilde{\pi}_{r_{v,e}}^{u}=\frac{\exp(\pi_{r_{v,e}}^{u})}{\sum_{e\in\mathcal{N}(v)}\exp(\pi_{r_{v,e}}^{u})} \tag{6-15}$$

$\boldsymbol{e}$ 是实体 e 的特征。在计算一个实体的邻居表示的时候，用户-关系分值的作用类似于个性化过滤器（personalized filter），因为我们是根据这些用户特定（user-specific）的分值来有偏见地（biasedly）聚合邻居的。

在一个真实的知识图谱中，$\mathcal{N}(e)$ 的大小可能会对不同的实体来说差别明显。为了保持 KGCN 的计算效率，对于每个实体，我们没有使用它的全部邻居，而是随机均匀地从它的邻居中采样出一个固定大小的集合。具体地说，我们将实体 v 的邻居表示计算为 $\boldsymbol{v}_{\mathcal{S}(v)}^{u}$，其中 $\mathcal{S}(v)\triangleq\{e\mid e\sim\mathcal{N}(v)\}$，$|\mathcal{S}(v)|=K$ 是一个常数[⊖]。在 KGCN 中，$\mathcal{S}(v)$ 也被叫作实体 v 的（单层的）接受野（receptive field），因为 v 的最终特征的计算对这些区域敏感（详见图 6-1b 中的浅灰色节点）。

KGCN 层中的最后一步是聚合实体的特征 $\boldsymbol{v}$ 和它的邻居特征 $\boldsymbol{v}_{\mathcal{S}(v)}^{u}$。我们在 KGCN 中定义了 3 种类型的聚合器（ag-

---

⊖ 严格意义上说，$\mathcal{S}(v)$ 可能会包含重复项，如果 $\mathcal{N}(v)<K$。

gregator） agg：$\mathbb{R}^d \times \mathbb{R}^d \to \mathbb{R}^d$：

- 加和聚合器（sum aggregator）将两个特征相加，然后应用一个非线性变换：

$$\text{agg}_{\text{sum}} = \sigma(\boldsymbol{W} \cdot (\boldsymbol{v} + \boldsymbol{v}^u_{\mathcal{S}(v)}) + \boldsymbol{b}) \tag{6-16}$$

其中 $\boldsymbol{W}$ 和 $\boldsymbol{b}$ 分别是转换权值和偏置，σ 是非线性函数，例如 ReLU。

- 拼接聚合器（concat aggregator）[173] 将两个特征拼接起来之后，再应用一个非线性变换：

$$\text{agg}_{\text{concat}} = \sigma(\boldsymbol{W} \cdot \text{concat}(\boldsymbol{v}, \boldsymbol{v}^u_{\mathcal{S}(v)}) + \boldsymbol{b}) \tag{6-17}$$

- 邻居聚合器（neighbor aggregator）[180] 只使用实体 v 的邻居特征：

$$\text{agg}_{\text{neighbor}} = \sigma(\boldsymbol{W} \cdot \boldsymbol{v}^u_{\mathcal{S}(v)} + \boldsymbol{b}) \tag{6-18}$$

我们会在实验部分验证这 3 种聚合器的性能。

6.3.2 学习算法

通过一个单层的 KGCN，一个实体的最终表示会依赖于它自己及其直接相连的邻居，我们称之为一阶实体特征（1-order entity representation）。很自然地，我们可以将 KGCN 从一层扩展到多层来合理地探索用户更宽、更深的潜在兴趣。这个扩展的技术是很直观的：将每个实体的初始特征（零阶实体特征）向外传播给它的邻居可以得到一阶实体特征，那么我们可以重复这一过程，即将一阶实体特征向外传播和聚合，得到二阶实体特征。一般来说，一个实体的 h 阶特征混合了它自己的和 h 跳之内的邻居的初始特征。这是 KGCN 的一个重要的特性，我们会在下一节中再来讨论。

上述步骤的正式描述如算法 6-3 所示（也可以参考图 6-4 中展示的一轮中的计算过程）。H 表示接受野的最大深度（也可以理解为聚合迭代的轮数），我们在一个向量之后附加后缀 $[h]$ 表示 h 阶。对于一个给定的用户-物品对 (u,v)（第 2 行），我们首先以一种迭代地方式计算 v 的接受野 $\mathcal{M}$（第 3 行）。然后聚合的操作被重复 H 次（第 5 行）：在第 h 轮中，我们计算每个实体 $e\in\mathcal{M}[h]$ 的邻居特征（第 7 行），然后将其与自身特征 $\boldsymbol{e}^u[h-1]$ 进行融合来得到 v 在下一轮中的特征（第 8 行）。最终的 H 阶实体特征被记为 $\boldsymbol{v}^u$（第 11 行），它和用户特征 $\boldsymbol{u}$ 一起被输入函数 f：$\mathbb{R}^d\times\mathbb{R}^d\rightarrow\mathbb{R}$，得到最终的预测概率：

$$\hat{y}_{uv}=f(\boldsymbol{u},\boldsymbol{v}^u) \tag{6-19}$$

算法 6-2　KGCN 算法

输入：交互矩阵 $\boldsymbol{Y}$；知识图谱 $\mathcal{G}(\mathcal{E},\mathcal{R})$；邻居采样映射 $\mathcal{S}$：$e\rightarrow 2^{\mathcal{E}}$；可训练参数 $\{\boldsymbol{u}\}_{u\in\mathcal{U}}$，$\{\boldsymbol{e}\}_{e\in\mathcal{E}}$，$\{\boldsymbol{r}\}_{r\in\mathcal{R}}$，$\{\boldsymbol{W}_i, \boldsymbol{b}_i\}_{i=1}^{H}$；超参数 H，d，$g(\cdot)$，$f(\cdot)$，$\sigma(\cdot)$，$agg(\cdot)$

输出：预测函数用 $\mathcal{F}(u,v\mid\Theta,\boldsymbol{Y},\mathcal{G})$

1：**while** KGCN 未收敛 **do**

2：　　**for** (u,v) in $\boldsymbol{Y}$ **do**

3: $\{\mathcal{M}[i]\}_{i=0}^{H} \leftarrow$ GET-RECEPTIVE-FIELD(v);
4: $\boldsymbol{e}^u[0] \leftarrow \boldsymbol{e}$, $\forall e \in \mathcal{M}[0]$;
5: **for** $h=1,\cdots,H$ **do**
6: **for** $e \in \mathcal{M}[h]$ **do**
7: $e^u_{\mathcal{S}(e)}[h-1] \leftarrow \sum_{d \in \mathcal{S}(e)} \tilde{\pi}^u_{r_{e,d}} \boldsymbol{d}^u[h-1]$;
8: $e^u[h] \leftarrow agg(\boldsymbol{e}^u_{\mathcal{S}(e)}[h-1], \boldsymbol{e}^u[h-1])$;
9: **end for**
10: **end for**
11: $\boldsymbol{v}^u \leftarrow \boldsymbol{v}^u[H]$;
12: 计算预测概率 $\hat{y}_{uv} = f(\boldsymbol{u}, \boldsymbol{v}^u)$;
13: 根据梯度下降更新参数;
14: **end for**
15: **end while**
16: **return** $\mathcal{F}$;

算法 6-3 KGCN 中接受野的计算

1: **procedure** GET-RECEPTIVE-FIELD(v)
2: $\mathcal{M}[H] \leftarrow v$;
3: **for** $h=H-1,\cdots,0$ **do**
4: $\mathcal{M}[h] \leftarrow \mathcal{M}[h+1]$
5: **for** $e \in \mathcal{M}[h+1]$ **do**
6: $\mathcal{M}[h] \leftarrow \mathcal{M}[h] \cup \mathcal{S}(e)$
7: **end for**
8: **end for**
9: **return** $\{\mathcal{M}[i]\}_{i=0}^{H}$
10: **end procedure**

注意到算法 6-3 遍历了所有可能的用户-物品对（第 2 行）。为了使计算更有效率，我们在训练中使用了负采样技术。KGCN 的完整的损失函数如下：

$$\mathcal{L} = -\sum_{u \in \mathcal{U}} \left(\sum_{v: y_{uv}=1} \mathcal{J}(y_{uv}, \hat{y}_{uv}) - \sum_{i=1}^{T^u} \mathbb{E}_{v_i \sim P(v_i)} \mathcal{J}(y_{uv_i}, \hat{y}_{uv_i}) \right) + \lambda \| \mathcal{F} \|_2^2 \tag{6-20}$$

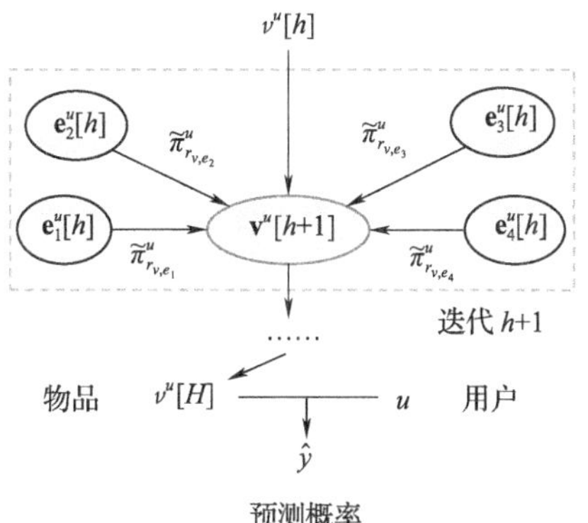

图 6-4　KGCN 单轮中的计算框架

其中 $\mathcal{J}$是交叉熵损失函数，P 是负样本的分布，T^u 是用户 u 的负样本个数。在 KGCN 中，$T^u = |\{v: y_{uv}=1\}|$，P 是均匀分布。式(6-20)的最后一项是 L2 正则项。

6.3.3　知识图谱牵引力的讨论

知识图谱如何帮助发掘用户的兴趣？为了直观地理解知识图谱在 KGCN 训练中的作用，我们和物理学稳态模型作了一个类比，结果如图 6-5 所示。每个实体被视为一个质点，有监督的正向信号就像是一种将观测到的正样本向上拉过决策平面的力，而负采样的信号就像是将未观测到的样本向下压的力。在没有知识图谱的情况下（图 6-5a），这些样本只是由协同过滤效应松散地连接在一起（为了清晰，图 6-5a 中并未画出）。相反，知识图谱中的边像是弹性绳一样给两个相连的实体施加了一个显式的外力。当 $H=1$ 时（图 6-5b），每个实体的特征是它自己及其一阶邻居的混合，因此，针对正样本的优化也会同时将正样本的一阶邻居拉起来。当 H 增加时，向上的拉力会传导到知识图谱中更深的地方（图 6-5c），这可以帮助探索用户潜在的多样性的兴趣[⊖]。

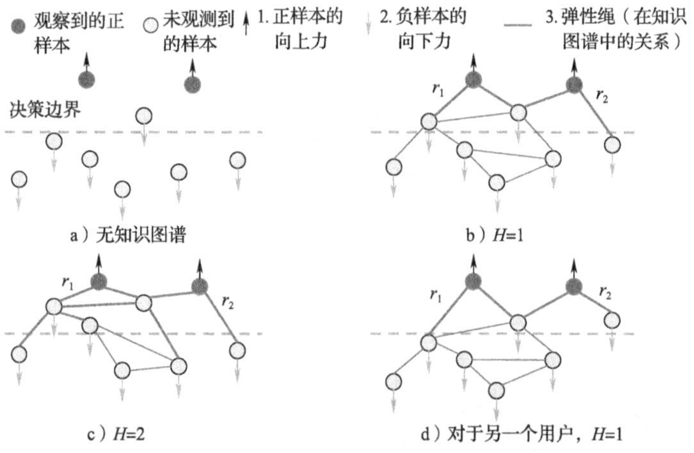

图 6-5　知识图谱在 KGCN 的训练过程中的作用

另一个值得注意的有趣的事实是，知识图谱施加的邻近

⊖ 然而，增加 H 也可能会引入更多的噪声。我们将在实验部分进行验证。

节点间的限制是个性化的，因为弹性绳的劲度系数（stiffness）是用户特定（user-specific）的（图 6-5d）：一个用户可能更偏好关系 r_1（图 6-5b），而另一个用户可能更关注关系 r_2（图 6-5d）。

6.4 性能验证

6.4.1 数据集

RippleNet 的实验中所用的数据集与 5.6.1 节中用于 MKR 实验的数据集相同，即 MovieLens-1M、Book-Crossing 和 Bing-News。唯一不同的一点在于知识图谱的处理方式：我们在进行了物品和实体的匹配之后，将知识图谱的连接一直扩展到了 4 跳之外，因为 RippleNet 需要在知识图谱上进行兴趣传播。数据集的基本统计信息如表 6-1 所示。

表 6-1 RippleNet 实验中 3 个数据集的基本统计信息

	MovieLens-1M	Book-Crossing	Bing-News
#users	6 036	17 860	141 487
#items	2 445	14 967	535 145
#interactions	753 772	139 746	1 025 192
#1-hop triples	20 782	19 876	503 112
#2-hop triples	178 049	65 360	1 748 562
#3-hop triples	318 266	84 299	3 997 736
#4-hop triples	923 718	71 628	6 322 548

KGCN 的实验中所用的 3 个数据集为 MovieLens-20M、Book-Crossing 和 Last. FM。新增的 MovieLens-20M ㊀数据集是一个广泛使用的电影推荐数据集，包含了 MovieLens 网站上约 2 000 万条显式评分（从 1 到 5）；新增的 Last. FM ㊁数据集包含了 Last. fm 在线音乐网站上两千名左右的用户收听音乐艺术家的信息。数据集的处理和 5. 6. 1 节中 MKR 的实验基本相同。需要补充的一点是，对于 Last. FM 数据集的显式反馈转隐式反馈的过程中，我们也没有设置阈值（即所有的显式反馈都转成了标签 1）。数据集的基本统计信息如表 6-2 所示。

表 6-2　KGCN 实验中 3 个数据集的基本统计信息和超参数的设置（K 为邻居采样个数，d 为特征维度，H 为接受野的深度；λ 为 L2 正则项系数）

	MovieLens-20M	Book-Crossing	Last. FM
#users	138 159	19 676	1 872
#items	16 954	20 003	3 846
#interactions	13 501 622	172 576	42 346
#entities	102 569	25 787	9 366
#relations	32	18	60
#KG triples	499 474	60 787	15 518
K	4	8	8
d	32	64	16
H	2	1	1
λ	10^{-7}	2×10^{-5}	10^{-4}
learning rate	2×10^{-2}	2×10^{-5}	5×10^{-4}

㊀ https://grouplens. org/datasets/movielens/。

㊁ https://grouplens. org/datasets/hetrec-2011/。

6.4.2 基准方法

在 RippleNet㊀的实验中，我们使用的基准方法和 5.6.2 节中用于 MKR 实验的基准方法基本相同，唯一的区别在于我们新增了 SHINE[1] 作为基准方法。这里我们使用 SHINE 中的自编码机用于处理用户-物品的交互以及物品的画像。

在 KGCN㊁的实验中，我们使用的基准方法有 SVD、LibFM、LibFM + TransE、PER、CKE 和 RippleNet。其中 LibFM、PER 和 CKE 在 5.6.2 节中已经介绍，这里我们介绍剩下的基准方法：

- SVD[21]是推荐系统中一个经典的基于协同过滤的隐含因素模型。
- LibFM+TransE 扩展了 LibFM 方法。它把根据 TransE[82] 学习到的实体特征拼接到了每个用户-物品交互的后面，用作 LibFM 的输入㊂。
- RippleNet[98] 是一种类似于记忆网络（memory networks）的在知识图谱上传播用户偏好的推荐模型。

㊀ 代码地址：https://github.com/hwwang55/RippleNet。

㊁ 代码地址：https://github.com/hwwang55/KGCN。

㊂ TransE 的实现来自 https://github.com/thunlp/Fast-TransX。

6.4.3 实验准备工作

RippleNet 的实验准备工作如下：在 RippleNet 中，我们将 MovieLens-1M/Book-Crossing 数据集上的跳数设置为 $H=2$，将 Bing-News 数据集上的跳数设置为 $H=3$。完整的超参数设置在表 6-3 中给出，其中 d 是特征的维度，η 是学习率。超参数是由在验证集上最优化 AUC 决定的。为了公平比较，所有基准方法的特征维度都和表 6-3 相同，其他超参数由网格搜索决定。

表 6-3　RippleNet 实验中 3 个数据集的超参数设置

MovieLens-1M	$d=16$，$H=2$，$\lambda_1=10^{-7}$，$\lambda_2=0.01$，$\eta=0.02$
Book-Crossing	$d=4$，$H=3$，$\lambda_1=10^{-5}$，$\lambda_2=0.01$，$\eta=0.001$
Bing-News	$d=32$，$H=3$，$\lambda_1=10^{-5}$，$\lambda_2=0.05$，$\eta=0.005$

KGCN 的实验准备工作如下：在 KGCN 中，我们将函数 g 和 f 设置为内积，非最后一层聚合器中的 σ 为 ReLU，最后一层聚合器中的 σ 为 tanh。其他超参数设置如表 6-2 所示。这些超参数是由在验证集上最优化 AUC 决定的。基准方法的超参数设置如下：对于 SVD，我们使用其无偏的版本，并将特征维度和学习率设置为与 KGCN 相同。对于 LibFM，其维度为 $\{1,1,8\}$，学习轮数为 50。TransE 的维度为 32。对于 CKE，3 个数据集的特征维度分别为 64、128、64。其他超参数的选择和原始论文或代码默认值一致。

在 RippleNet 和 KGCN 的实验中，对于每个数据集，训练集、验证集和测试集的比例为 6∶2∶2。每个实验被重复 5 次，我们取最终的平均结果。我们关注于以下两个实验场景：①在 CTR 预测场景中，我们将训练好的模型应用到测试集中的每一条样本上，并输出预测的点击概率。我们使用 Accuracy、AUC 和 F1 来评价模型的性能。②在 top-K 推荐场景中，我们使用学习得到的模型来为每个测试集中的用户选择 K 个高预测概率的物品作为推荐结果。我们使用 Precision@K、Recall@K 和 F1@K 评价模型性能。

6.4.4 向外传播法的实验结果

6.4.4.1 实证研究

我们进行了一项实证研究来观察两个物品在知识图谱中的共同邻居的数量和它们在推荐系统中是否有共同评分者的关联。对于每个数据集，我们首先随机采样了 100 万对物品，然后在以下两种情况下计算了它们在知识图谱中的共同的 k 跳邻居的数目的平均值：①这两个物品在推荐系统中至少有一个共同评分者；②这两个物品在推荐系统中没有共同评分者。结果分别如图 6-6a、图 6-6b、图 6-6c 所示。从图中我们可以看出，如果两个物品在推荐系统中有共同的评分者，那么它们有可能在知识图谱中共享更多的 k 跳邻居。以上发现经验性地证明了**两个物品在知识图谱中的局部结构的相似度有助于衡量它们在推荐系统中的相关性**。另外，我们计算了两个平均值在不同跳数情况下的比率（即，对于每一跳，用较高的数值除以较低的数值），结果如图 6-6d 所示。从中我们可以看出，随着跳数的增加，两个物品在两种情况下的局部结构变得越来越相似。这是因为即便两个物品没有直接的相似性，它们依然可能在大跳数 k 的情况下共享很多的 k 跳邻居。这个结果启发我们在 RippleNet 中找到一个合适的跳数，既可以挖掘用户的潜在兴趣，又可以尽可能避免引入太多噪声。

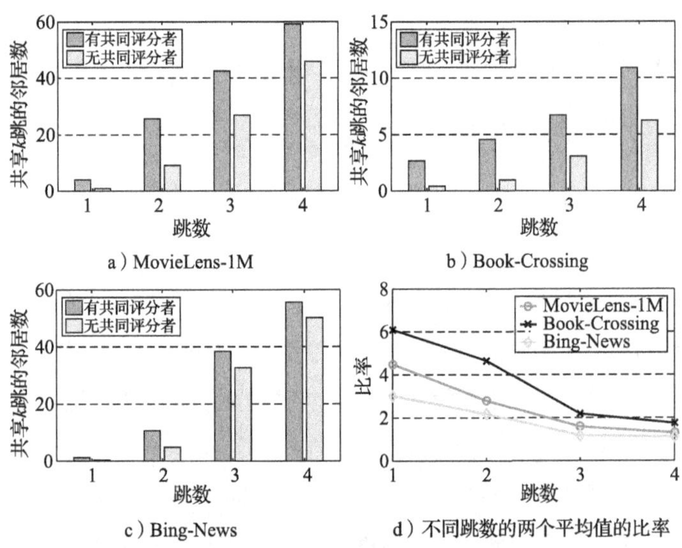

图 6-6　根据两个物品是否在以下数据集中有共同的评分者，分别计算这两个物品在知识图谱中的 k 跳共同邻居的平均数目

6.4.4.2 与基准方法的比较

所有方法在 CTR 预估和 top-K 推荐场景的结果分别如表 6-4 和图 6-7，图 6-8，图 6-9 所示。我们从中有一些观察：

- CKE 与其他基准方法相比表现较差，这可能是因为我们只有结构化的知识作为输入，而没有图片和文本知识。
- SHINE 在电影和图书上的表现比新闻好。这是因为新闻中实体的一跳邻居过于复杂，不适合作为画像输入。
- DKN 在新闻推荐中表现最好，但是在电影和图书推荐中表现最差。这是因为电影和图书名称太短，无法提供有效的信息
- PER 在电影和图书推荐上的表现比较差，因为预定义的元路径（meta-path）很难达到最优。另外，PER 无法应用到新闻推荐中。
- 作为两个通用的推荐模型，LibFM 和 Wide&Deep 取得了不错的效果，这表明它们可以有效地从知识图谱中利用知识。
- RippleNet 在 3 个数据集上都取得了最好的效果。具体来说，RippleNet 在电影、图书和新闻推荐中分别超越了基准方法 2.0%至 40.6%、2.5%至 17.4%、2.6%至 22.4%的 AUC 分值。RippleNet 也在 top-K 推荐中取得

了很好的性能，如图 6-7、图 6-8 和图 6-9 所示。注意到 Bing-News 数据集上的 top-K 推荐指标的分值要远低于另外两个数据集，这是因为新闻的数量远比电影和图书多。

表 6-4 RippleNet 实验中 CTR 预估场景的 AUC 和 Accuracy（ACC）的结果

模型	MovieLens-1M		Book-Crossing		Bing-News	
	AUC	ACC	AUC	ACC	AUC	ACC
RippleNet①	**0.921**	**0.844**	**0.729**	**0.662**	**0.678**	**0.632**
CKE	0.796	0.739	0.674	0.635	0.560	0.517
SHINE	0.778	0.732	0.668	0.631	0.554	0.537
DKN	0.655	0.589	0.621	0.598	0.661	0.604
PER	0.712	0.667	0.623	0.588	–	–
LibFM	0.892	0.812	0.685	0.639	0.644	0.588
Wide&Deep	0.903	0.822	0.711	0.623	0.654	0.595

①通过非配对双样本 t 检验（$p=0.1$）获得显著提升

6.4.4.3 波纹集合大小的影响

我们变化了用户的波纹集合的大小来进一步研究 RippleNet 的鲁棒性。3 个数据集上的 AUC 结果如表 6-5 所示。从中我们可以看出随着波纹集合大小的增长，RippleNet 的性能一开始得到了提升，这是因为更大的波纹集合可以保存更多的知识图谱中的知识。但是注意到当波纹集合太大时，性能发生了退化。一般来说，16 或 32 的波纹集合对于大部分数据集而言已经足够。

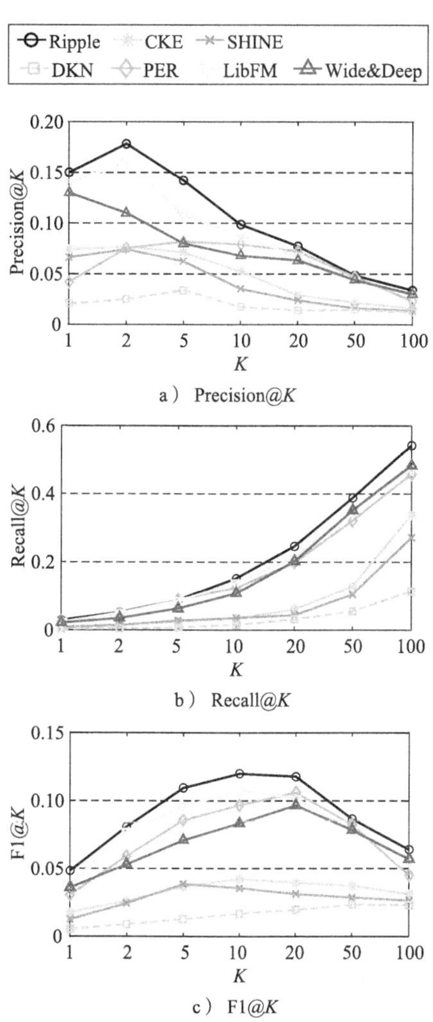

a） Precision@K

b） Recall@K

c） F1@K

图 6-7　RippleNet 实验中 MovieLens-1M 数据集上 top-K 推荐的结果

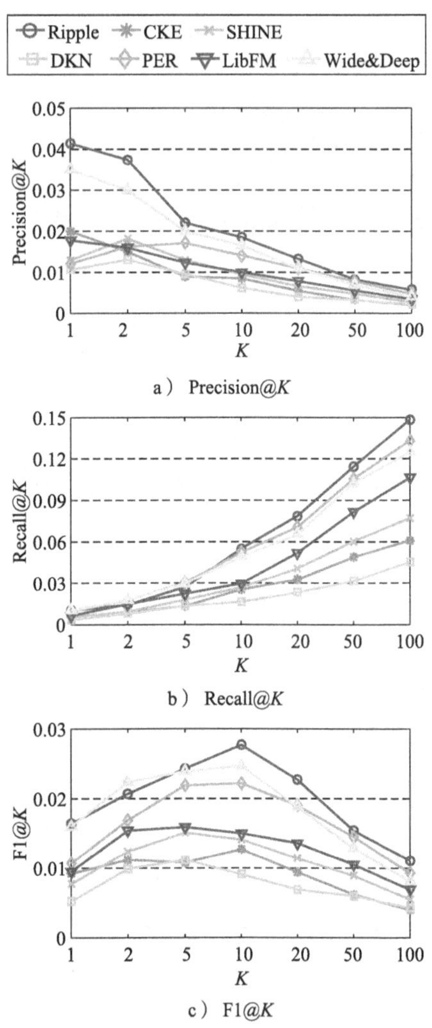

图 6-8　RippleNet 实验中 Book-Crossing 数据集上 top-*K* 推荐的结果

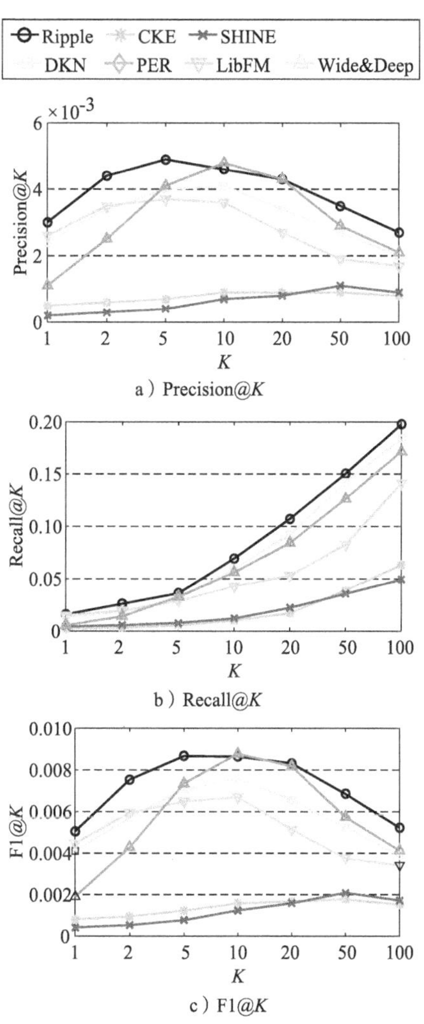

a）Precision@K

b）Recall@K

c）F1@K

图 6-9 RippleNet 实验中 Bing-News 数据集上 top-*K* 推荐的结果

表 6-5 RippleNet 实验中，随着用户的波纹集合大小的变化，3 个数据集上的 AUC 结果

波纹集合大小	2	4	8	16	32	64
MovieLens-1M	0.903	0.908	0.911	0.918	**0.920**	0.919
Book-Crossing	0.694	0.696	0.708	**0.726**	0.706	0.711
Bing-News	0.659	0.672	0.670	0.673	**0.678**	0.671

6.4.4.4 最大跳数的影响

我们也变化了最大跳数 H 来观察 RippleNet 的性能如何变化，结果如表 6-6 所示。当 H 为 2 或 3 时，RippleNet 达到了最好的性能。我们将其归因于长距离依赖中的正信号和噪声中的负信号的权衡：一个太小的 H 很难发掘实体之间的长距离关联和依赖，然而太大的 H 带来了更多的噪声，正如我们在实证研究里所述。

表 6-6 RippleNet 实验中，随着最大跳数的变化，3 个数据集上的 AUC 结果

跳数 H	1	2	3	4
MovieLens-1M	0.916	**0.919**	0.915	0.918
Book-Crossing	0.727	0.722	**0.730**	0.702
Bing-News	0.662	0.676	**0.679**	0.674

6.4.4.5 案例研究

为了直观地展示 RippleNet 中的兴趣传播，我们随机采样了一个有 4 条点击记录的用户，并选择了他测试集中的一条标签为 1 的候选新闻。对于该用户的每个 k 跳相关实体，我

们计算了这个实体和候选新闻或 k 阶响应之间的（非归一化的）相关概率，结果如图 6-10 所示，其中蓝色越深表示数值越大。为了展示的清晰，我们省略了关系的名字。从图 6-10 中我们观察到，RippleNet 将候选新闻和该用户的相关实体以不同的强度连接了起来。我们可以从用户的点击历史出发，沿着不同的路径达到这条候选新闻，例如“Navy SEAL”—“Special Forces”—“Gun”—“Police”。这些由兴趣传播自动发现的高亮路径可以被用来解释推荐结果，正如 6.2.5.1 节中阐述的。另外，注意到有些实体从用户历史中得到了很强的“关注”，例如“U. S.”“World War II”和“Donald Trump”。

点击记录：

1. *Family of Navy SEAL Trainee Who Died During Pool Exercise Plans to Take Legal Action*
2. *North Korea Vows to Strengthen Nuclear Weapons*
3. *North Korea Threatens 'Toughest Counteraction' After U.S.Moves Navy Ships*
4. *Consumer Reports Pulls Recommendation for Microsoft Surface Laptops*

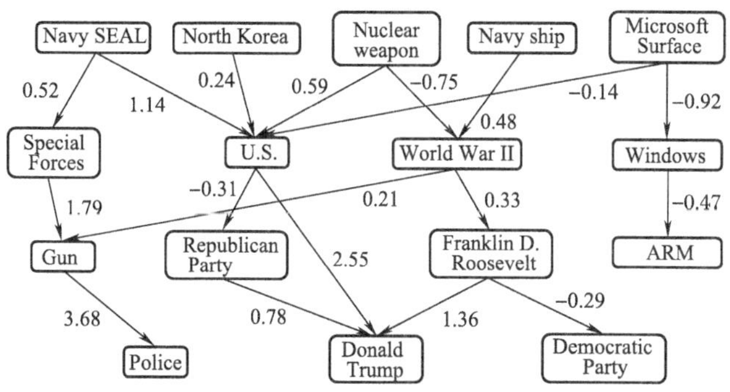

候选新闻：*Trump Announces Gunman Dead, Credits 'Heroic Actions' of Police*

图 6-10 一个随机采样的用户和一条标签为 1 的候选新闻的相关概率的可视化结果。分值低于−1.0 的连接被省略

这些中心实体来源于 6.2.5.2 节中阐述的干涉加强，它们可以被视为用户的潜在兴趣并用来做进一步的推荐。

6.4.4.6 其他超参数的敏感性

本节中我们研究 RippleNet 中超参数 d 和 λ_2 的影响。我们将 d 从 2 变到 64，将 λ_2 从 0.0 变到 1.0，并保持其他参数固定。MovieLens-1M 上的 AUC 分值如图 6-11 所示。我们从图 6-11a 可以看出，$d=16$ 时 RippleNet 达到了最好的性能。类似地，从图 6-11b 我们看出 $\lambda_2=0.01$ 时效果最佳。

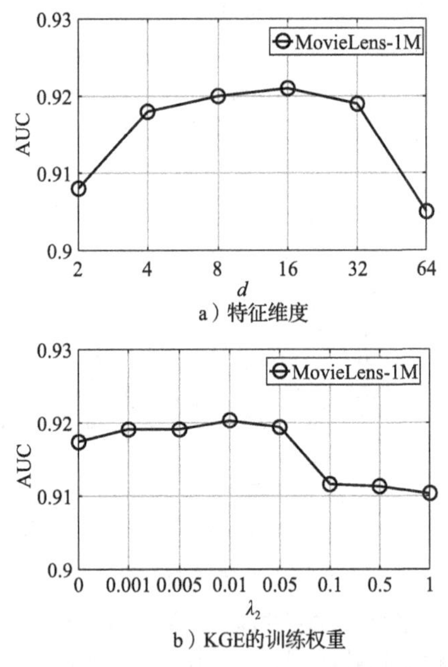

a）特征维度

b）KGE的训练权重

图 6-11 RippleNet 的超参数敏感性

6.4.5 向内聚合法的实验结果

6.4.5.1 实证研究

我们进行了一个实证研究来检测两个随机采样的物品在知识图谱上的最短距离和它们是否在数据集中有共同评分者的关联。对于 MovieLens-20M 和 Last. FM，我们分别随机采样了 1 万对没有共同评分者的物品和至少有一个共同评分者的物品，然后计算它们在知识图谱上的最短距离，结果如图 6-12 所示。我们可以看出，如果两个物品在数据集中有共同评分者，那么它们在知识图谱中会更可能靠近。例如，如果两部电影在 MovieLens-20M 中有共同评分者，那么它们有 0. 92 的概率距离为 2 跳（即有共同属性），但是如果没有共同评分者的话，这个概率是 0. 81。以上发现表明**挖掘知识图谱的邻近结构信息可以帮助推荐系统中的预测**。这也证实了我们在 KGCN 中使用接受野来帮助学习实体向量的动机。

6.4.5.2 与基准方法的比较

KGCN 和基准方法在 CTR 预估和 top-K 推荐的结果分别如表 6-7 和图 6-13 所示。（为了结果清晰，SVD、LibFM 和 KGCN 的其他变种没有在图 6-13 中展示）。从中我们可以看出：

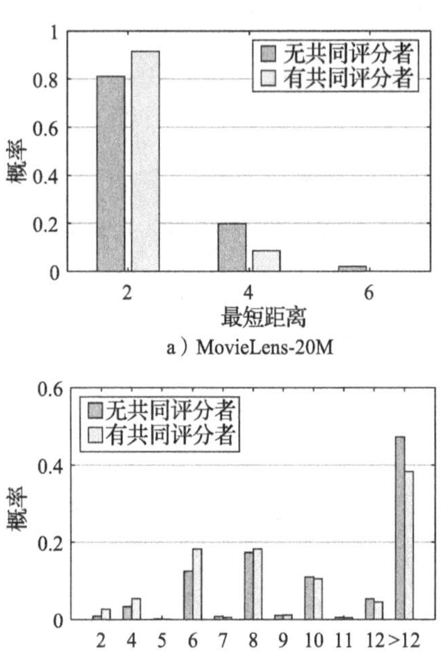

图 6-12　在以下两种情况中，两个随机采样的物品在知识图谱上的最短距离的分布：①这两个物品没有共同评分者；②这两个物品至少有一个共同评分者

- 一般而言，我们发现 KGCN 相比于基准方法在 Book-Crossing 和 Last. FM 上的提高更明显。这可能是因为 MovieLens-20M 数据集相当稠密，建模相对更容易。
- 没有用到知识图谱的方法，即 SVD 和 LibFM，事实上要比大部分用到了知识图谱的方法好（PER 和 CKE）。

表 6-7 KGCN 实验中 3 个数据集上 CTR 预估场景的结果

模型	MovieLens-20M		Book-Crossing		Last. FM	
	AUC	F1	AUC	F1	AUC	F1
SVD	0. 963 (−1. 5%)	0. 919 (−1. 4%)	0. 672 (−8. 9%)	0. 635 (−7. 7%)	0. 769 (−3. 4%)	0. 696 (−3. 5%)
LibFM	0. 959 (−1. 9%)	0. 906 (−2. 8%)	0. 691 (−6. 4%)	0. 618 (−10. 2%)	0. 778 (−2. 3%)	0. 710 (−1. 5%)
LibFM+TransE	0. 966 (−1. 2%)	0. 917 (−1. 6%)	0. 698 (−5. 4%)	0. 622 (−9. 6%)	0. 777 (−2. 4%)	0. 709 (−1. 7%)
PER	0. 832 (−14. 9%)	0. 788 (−15. 5%)	0. 617 (−16. 4%)	0. 562 (−18. 3%)	0. 633 (−20. 5%)	0. 596 (−17. 3%)
CKE	0. 924 (−5. 5%)	0. 871 (−6. 5%)	0. 677 (−8. 3%)	0. 611 (−11. 2%)	0. 744 (−6. 5%)	0. 673 (−6. 7%)
RippleNet	0. 968 (−1. 0%)	0. 912 (−2. 1%)	0. 715 (−3. 1%)	0. 650 (−5. 5%)	0. 780 (−2. 0%)	0. 702 (−2. 6%)
KGCN-sum	**0. 978**	**0. 932**	**0. 738**	**0. 688**	0. 794 (−0. 3%)	0. 719 (−0. 3%)
KGCN-concat	0. 977 (−0. 1%)	0. 931 (−0. 1%)	0. 734 (−0. 5%)	0. 681 (−1. 0%)	**0. 796**	**0. 721**
KGCN-neighbor	0. 977 (−0. 1%)	**0. 932**	0. 728 (−1. 4%)	0. 679 (−1. 3%)	0. 781 (−1. 9%)	0. 699 (−3. 1%)
KGCN-avg	0. 975 (−0. 3%)	0. 929 (−0. 3%)	0. 722 (−2. 2%)	0. 682 (−0. 9%)	0. 774 (−2. 8%)	0. 692 (−4. 0%)

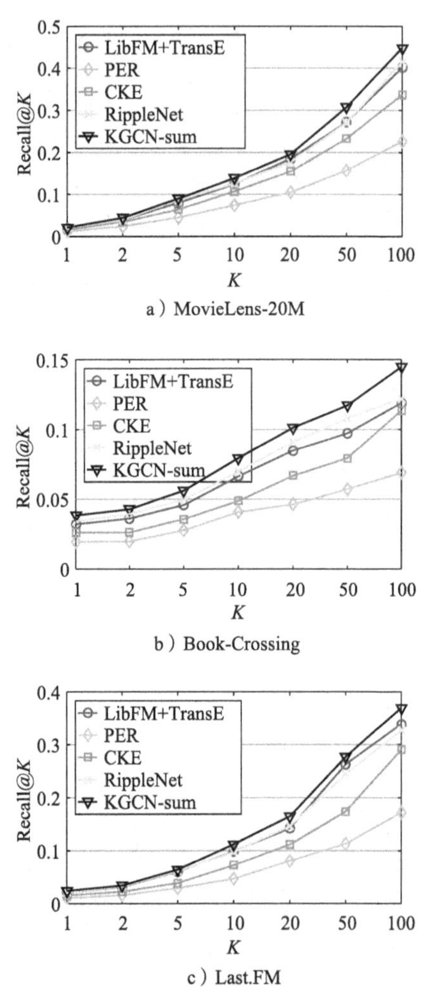

图 6-13　KGCN 实验中 3 个数据集上 top-K 推荐的结果

- LibFM+TransE 在大部分情况下比 LibFM 好，这表明引入知识图谱确实对推荐有提高作用。
- PER 在所有方法中表现最差，这是因为在现实中很难手工定义最优的元路径。
- RippleNet 和其他基准方法相比有很强的表现。注意到 RippleNet 也用到了多跳的邻居结构信息，这表明在知识图谱中对局部结构进行建模是至关重要的。

表 6-7 的最后 4 行是 KGCN 的变种的性能。前 3 个变种（sum、concat、neighbor）对应了之前介绍的 3 种聚合器，而最后一个变种 KGCN-avg 是 KGCN-sum 的弱化版本，其中邻居信息是直接平均而不是经过用户-关系分值的加权（即 $v_{\mathcal{N}(v)}^{u} > \sum_{e \in \mathcal{N}(v)} \boldsymbol{e}$，而不是如式(6-14)）。因此，KGCN-avg 可以用来检验“注意力机制”的效果。从结果中我们可以看出：

- KGCN 明显超过了基准方法，但是不同变种的性能略有差异：KGCN-sum 一般而言表现最好，而 KGCN-neighbor 在 Book-Crossing 和 Last. FM 上有明显的性能降低。这可能是因为邻居聚合器只使用了邻居的信息而丢失了来自实体自身的信息。
- KGCN-avg 比 KGCN-sum 表现差，特别是在稀疏的数据集 Book-Crossing 和 Last. FM 上。这证明了对用户的个性化偏好和知识图谱中的语义信息进行建模对推荐确实很有帮助。

6.4.5.3 邻居采样数目的影响

我们变化了邻居采样数目 K 来研究知识图谱的使用效率。3 个数据集上的 AUC 的结果如表 6-8 所示。我们可以看出 KGCN 在 $K=4$ 或 8 时达到了最好的性能。这是因为一个太小的 K 没有足够的容量容纳邻居信息，而一个很大的 K 容易受噪声影响。

表 6-8 KGCN 实验中，随着邻居采样数目 K 的变化，3 个数据集上的 AUC 的结果

K	2	4	8	16	32	64
movie	0.978	**0.979**	0.978	0.978	0.977	0.978
book	0.680	0.727	**0.736**	0.725	0.711	0.723
music	0.791	0.794	**0.795**	0.793	0.794	0.792

6.4.5.4 接受野深度的影响

我们通过把接受野的深度 H 从 1 变到 4 来研究其对于 KGCN 性能的影响，结果如表 6-9 所示。我们可以看出，相比于邻居采样大小 K，KGCN 对 H 更为敏感。我们在 $H=3$ 或 4 时观察到严重的模型崩溃，因为一个较大的 H 会给模型带来大量的噪声。这也和我们的直觉相符，因为一条过长的关系链在推断物品相似度的时候几乎没有意义。一般而言，H 等于 1 或 2 对真实场景已经足够。

表 6-9 KGCN 实验中，随着接受野深度 H 的变化，3 个数据集上的 AUC 的结果

H	1	2	3	4
movie	0. 972	**0. 976**	0. 974	0. 514
book	**0. 738**	0. 731	0. 684	0. 547
music	**0. 794**	0. 723	0. 545	0. 534

6.4.5.5 特征维度的影响

最后，我们检查了特征维度 d 对 KGCN 性能的影响，结果如表 6-10 所示。这里的结论是很直观的：开始时，增加 d 会提高性能，这是因为一个更大的 d 可以为用户和物品容纳更多的信息，然而一个太大的 d 很容易受到过拟合的影响。

表 6-10 KGCN 实验中，随着特征维度 d 的变化，3 个数据集上的 AUC 的结果

d	4	8	16	32	64	128
movie	0. 968	0. 970	0. 975	**0. 977**	0. 973	0. 972
book	0. 709	0. 732	0. 733	0. 735	**0. 739**	0. 736
music	0. 789	0. 793	**0. 797**	0. 793	0. 790	0. 789

6.4.5.6 可扩展性

我们也研究了 KGCN 关于知识图谱大小的可扩展性。我们在 Microsoft Azure 的虚拟机上进行了实验，虚拟机的配置为：1 NVIDIA Tesla M60 GPU，12 Intel Xeon CPUs（E5-2690 v3 @2. 60 GHz），128 GB RAM。我们通过从原始的 Satori 知

识图谱中提取更多的边，将知识图谱的大小从×1 倍变到×5 倍。所有方法的运行时间如图 6-14 所示。注意到图中的曲线的趋势比实际数值更重要，因为运行时间的真实值很大程度上取决于运行轮数和 minibatch 大小的设定（当然，我们已经尽量试图对齐所有方法中的这些参数）。我们发现 LibFM + TransE 和 CKE 的运行时间随着知识图谱大小的增长大致为线性增长，而 PER 和 RippleNet 有近似的指数增长的趋势。相反，KGCN 展现了很强的可扩展性，即便是在知识图谱已经很大的情况下。这是因为知识图谱中每个实体的接受野是一个固定大小的采样集合，它并不会随着知识图谱的增长而变化。

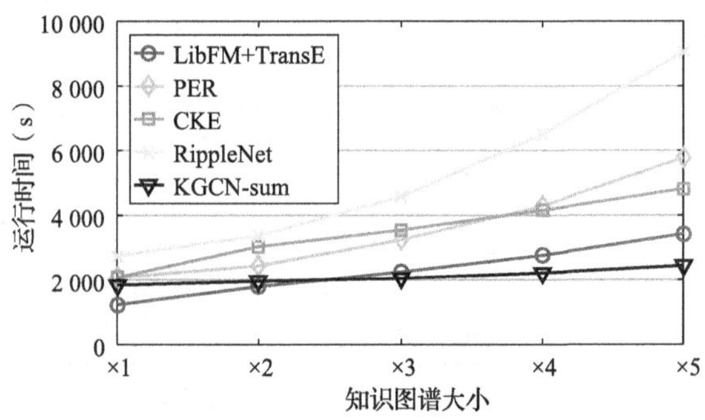

图 6-14　KGCN 实验中，随着知识图谱大小的变化，所有方法的运行时间的结果

6.5　本章小结

本章研究了知识图谱辅助的推荐系统中的基于结构的方

法。对于知识图谱中的每个实体，我们都搜索了其在知识图谱中的多跳的邻居集合。根据利用邻居集合的技术的不同，在本章中我们提出了两种方法，即向外传播法和向内聚合法：

1）向外传播法模拟了用户的兴趣在知识图谱上的传播过程。我们介绍了 RippleNet，一种向外传播法的代表。RippleNet 提出了兴趣传播模型，它可以自动地在知识图谱上传播用户潜在的兴趣，并探索用户的层级化的偏好。RippleNet 在一个贝叶斯框架中将兴趣传播和知识图谱特征学习的正则作用结合起来。我们在 3 个数据集上的大量实验证明了 RippleNet 相比于基准方法的优越性。同时，RippleNet 还为推荐结果提供了额外的、和知识图谱中的路径相关的可解释性。

2）向内聚合法在学习知识图谱实体特征的时候聚合了该实体的邻居特征表示。我们介绍了 KGCN，一种向内聚合法的代表。KGCN 将图卷积网络推广到了知识图谱领域。在 KGCN 中，一个实体的邻居信息被有选择地和有偏见地聚合起来，这让 KGCN 有能力学习知识图谱的结构信息和语义信息，以及用户的个性化的、潜在的兴趣。我们的实验表明，KGCN 在电影、图书和音乐推荐上一致优于基准方法。同时，KGCN 还具有很强的关于知识图谱大小的可扩展性。

第 7 章

总结与展望

7.1 总结

互联网在线内容和服务的爆炸式增长使得用户获取有效信息越来越困难。推荐系统试图挖掘用户的偏好，为用户推荐一小部分其可能感兴趣的物品，解决了信息过载的问题，提高了信息和资源的利用效率。一般而言，在推荐系统中存在多种网络结构的数据，例如用户和物品之间的交互图、用户端的社交网络、物品端的知识图谱等。网络结构数据为推荐系统提供了丰富的辅助输入，为了处理其高维性（以及可能的异构性），近年来兴起的网络特征学习方法将网络中的节点（和边）映射到一个低维连续向量空间。因此，本书考虑在推荐系统中使用网络特征学习的方法来处理网络结构数据。本书主要完成的工作如下：

第一，研究了应用于推荐系统交互图的网络特征学习方法。我们提出了 GraphGAN，一个将生成式方法和判别式方法进行统一的联合模型。在该联合模型中，生成器和判别器在一个极大极小游戏中进行对抗训练，两者可以互相受益：生成器收到来自判别器的信号的指引，并尽力提高自己的生成能力；判别器受到生成器的压力，尽可能为一个节点区分其真实邻居和由生成器生成的“伪”邻居。我们还提出了一种生成器的实现叫 graph softmax，它突破了传统 softmax 的局限。最后学习得到的模型可以用来刻画用户或者物品的特征，并应用于推荐系统场景。我们在实验中证实了 GraphGAN 的优越的性能。特别地，我们在推荐系统场景中的实验证明，相比于基准方法，GraphGAN 更能够抓住推荐系统交互图的本质并学习用户和物品的特征。

第二，研究了社交网络辅助的推荐系统的基于特征的方法。我们以预测微博上用户之间的情感连接为例，研究了如何使用基于特征的方法在推荐系统中融合社交网络信息。我们首先建立了一个有标签的、异构的、实体层级的微博情感数据集。为了有效地从异构网络中学习用户特征，本章提出了一种端到端的 SHINE 模型来提取用户的高度非线性表示，同时保留原网络的结构信息。两个数据集上的实验结果证实了 SHINE 的有效性。实验结果也表明引入社交网络信息和用户画像信息对实际效果有进一步的提升。

第三，研究了社交网络辅助的推荐系统的基于结构的方法。我们以微博投票推荐为例，研究了如何使用基于结构的方法在推荐系统中融入社交网络信息。我们首先进行了实证研究，证明了社交网络结构与用户投票行为的相关性。随后，为了克服已有的话题模型和语义模型在学习投票文本特征时的缺陷，我们提出了 TEWE 模型来联合考虑词汇与文档的话题和语义信息。我们接着提出了 JTS-MF 模型，一种社交-话题-语义感知的联合矩阵分解模型来学习用户和投票特征。JTS-MF 模型充分考虑了一个用户在社交网络中的结构信息，包括他的关注对象、追随者及参与的群组。我们在微博投票数据集上进行了大量的实验来验证 JTS-MF。实验结果证明，JTS-MF 相比于基准方法有明显提高；同时，使用社交网络（以及话题、语义信息）对推荐效果确实有明显的帮助。

第四，研究了知识图谱辅助的推荐系统的基于特征的方法。我们将知识图谱特征学习和推荐系统视为两个任务，并按照它们训练设置的不同，提出了两种方法：依次学习法和交替学习法：

1）依次学习法首先使用知识图谱特征学习方法得到实体向量，然后在后续的推荐算法中使用这些实体向量。我们提出了 DKN，一种用于新闻推荐的知识图谱感知的深度神经网络。DKN 的主要结构包括 KCNN 和注意力网络：KCNN 用来从语义层面和知识层面联合学习新闻标题的特征，KCNN 中的多个通道和对齐设置使得它可以很好地结合来自异构源的信息。注意力网络用来建模用户多样化的历史记录对当前候选新闻的不同影响，注意力网络在计算用户特征时对其历史记录进行了动态加权聚合。

2）交替学习法将知识图谱特征学习和推荐系统视为两个相关的任务，并设计了一种多任务学习框架，交替优化二者的目标函数。我们提出了 MKR，一个深度端到端多任务学习网络。MKR 包含了推荐系统模块和知识图谱特征学习模块，两个模块都使用了多个非线性层来提取输入的隐含特征和模拟交互行为。由于这两个任务并非独立，而是由推荐系统中的物品和知识图谱中的实体相连接，我们设计了一个交叉压缩单元来关联这两个任务。交叉压缩单元可以自动学习物品和实体特征的高阶交互并控制任务间的知识迁移。我们通过理论和实验证明了交叉压缩单元的优越性。

第五，研究了知识图谱辅助推荐系统的基于结构的方法。对于知识图谱中的每个实体，我们都搜索了其在知识图谱中的多跳邻居集合。根据利用邻居集合技术的不同，在本书中我们提出了两种方法，即向外传播法和向内聚合法：

1）向外传播法模拟了用户的兴趣在知识图谱上的传播过程。我们提出了 RippleNet，其中的兴趣传播模型可以自动地在知识图谱上传播用户潜在的兴趣，并探索用户的层级化的偏好。RippleNet 在一个贝叶斯框架中将兴趣传播和知识图谱特征学习的正则作用结合起来。我们在 3 个数据集上的大量实验证明了 RippleNet 相比于基准方法的优越性。同时，RippleNet 还为推荐结果提供了可解释性。

2）向内聚合法在学习知识图谱实体特征的时候聚合了该实体的邻居特征表示。我们提出了 KGCN，一种将图卷积网络推广到知识图谱领域的方法。在 KGCN 中，一个实体的邻居信息被有选择地和有偏见地聚合起来，这让 KGCN 有能力学习知识图谱的结构信息和语义信息，以及用户的个性化的、潜在的兴趣。我们的实验表明，KGCN 在多个数据集上一致优于基准方法。同时，KGCN 还具有很强的可扩展性。

我们在此给出一些基于特征和基于结构的方法的一些讨论。

首先，基于特征和基于结构的方法并非是完全对立的。这是因为，在基于特征的方法中，我们使用了网络特征学习方法（或知识图谱特征学习方法）来得到节点的特征，这其中就已经考虑了网络的结构。换句话说，节点的特征事实上是结构感知的。从另一个方面来看，基于结构的方法中大部分也使用了网络特征学习方法中的设计，例如 RippleNet 中的 KGE 正则项，KGCN 中学习实体向量的特征等。

关于基于特征的方法和基于结构的方法的优缺点。一般来说，基于特征的方法的模块性更强（例如 DKN 中学习实体向量的模块和推荐模块），这使得我们在实际中不需要经常运行那些更新频率较低的模块。例如，知识图谱的更新频率一般远低于推荐系统，因此，在 DKN 中，我们可以运行一次知识图谱特征学习模块，得到的实体向量可以反复用于推荐系统。而基于结构的方法大多属于端到端的方法，这意味着每次运行时模型都要从零开始学习所有的参数。但是，这也是基于结构方法的优势，因为基于端到端的方法的目标性更强，一般而言，其性能会比基于特征的方法更好。

7.2 课题研究展望

针对本书涉及的研究工作，我们还有如下可以进一步改进和研究之处：

第一，在GraphGAN模型中，我们使用的判别器非常简单，即对两个输入节点的特征应用了一个归一化的内积函数。正如我们在文中指出的，我们可以采用一些其他的方法来作为判别器的实现。而且，GraphGAN只适用于同构的无权重的无向图，而在真实世界中，网络中的边往往都带有方向、权值以及其他辅助信息。因此，另一个未来工作在于如何重新设计生成器，使得GraphGAN可以适用于以上特殊的网络结构。

第二，在SHINE模型中，我们使用了自编码机来提取用户在网络结构中的特征。虽然自编码有着强大的学习能力，但是需要注意的是，自编码机的输入为一个节点在图中的邻接向量表示。这意味着随着网络容量的增加，自编码机的参数会快速增长，以至于现有的计算设备（内存或GPU）将没有足够的空间容纳该模型。因此，如何设计一个空间节约的自编码机结构是一个重要的研究方向。

第三，在 JTS-MF 模型中，我们使用的社交网络结构为一阶信息（即用户的直接邻居）。事实上，从后文中我们对知识图谱的研究可以看出，网络中的高阶结构信息对推荐系统效果的提升是有益的。因此，我们可以在 JTS-MF 中进一步扩展社交网络结构的使用。另外，受限于数据集提供的信息，我们对微博投票的研究只局限于用户对投票的参与度，并不涉及用户在投票时的具体选择。如何考虑用户投票的具体选项来进一步辅助提高推荐结果也是一个极具挑战性的问题。

第四，在 DKN 模型中，虽然新闻标题中的实体密度已经很高（大约有 1/2 的单词都可以对应到实体），但是对于其他没有对应实体的单词，我们使用 0 来填充空缺的实体向量和上下文向量。在未来的工作中，我们可以设计一种更优雅的方法来解决单词和实体的对应以及实体空缺的问题。另外，在实验中我们只使用了新闻的标题，而不涉及新闻的具体内容。考虑新闻中更多的文本也是未来新闻推荐的一个方向。

第五，在 MKR 模型中，我们在低层中提取用户和尾节点的特征以及高层中对拼接后的特征进行建模时，使用的都是 MLP。MLP 是一种较为简单且容易过拟合的神经网络，因此，我们未来的工作在于如何在 MKR 模型中考虑其他种类的神经网络。

第六，在 RippleNet 模型中，我们有两个可以改进的重点：1）进一步探索其他刻画实体和关系之间的交互的方法；2）在兴趣传播时，设计非均匀的采样器来更好地对实体的邻居集合进行采样。

第七，在 KGCN 模型中，我们发现在跳数较大时，模型出现了明显的崩溃现象。进一步探索模型崩溃的原因，以及设计更加鲁棒的模型来挖掘知识图谱中可能的长距离依赖，是 KGCN 的一个重要的后续工作。

事实上，在推荐系统中使用图计算的方法现在已经逐渐成为一个热点。我们指出该领域中本书未涉及的可能的研究方向如下：

第一，本书所有的模型都属于统计学习模型，即挖掘网络中的统计学信息并以此进行推断。一个更加困难，但更有研究前景的方向是在网络中进行推理。例如，在电商场景中，如何根据用户的购买、浏览行为以及知识图谱中的关系自动学习得到推荐规则，是一个非常有挑战性，同时也非常有意义的课题。将图推理和推荐系统结合也是该课题的一个重要应用方向。

第二，本书中所有模型关心的重点都是模型的性能，而并非模型的运行效率。在真实推荐场景中，模型的运行速度是至关重要的。由于本书大部分模型都涉及神经网络，其在真实场景中的运行效率依然有待进一步研究。因此，如何设计出性能优秀且运行效率高的算法，也是本课题的重要研究工作。另外，本课题也不涉及计算引擎层面、系统层面甚至硬件层面的考量，如何将上层算法和底层架构进行联合设计和优化，是实际应用中一个亟待研究的问题。

第三，本书研究了推荐系统中的 3 种网络结构，并分别设计了相关模型。在实际应用中，这 3 种网络结构往往是同时存在的。因此，设计一种适用于多个网络结构并存的推荐场景的模型也是本课题未来的研究方向。

第四，本书考虑的网络结构都是静态的，而真实场景中，无论是交互图、社交网络还是知识图谱，都会随着时间发生变化。如何刻画这种时间演变的网络，并在推荐时充分考虑时序信息，也值得我们未来研究的关注。

参考文献

[1] WANG H, ZHANG F, HOU M, et al. SHINE: signed heterogeneous information network embedding for sentiment link prediction [C]// Proceedings of the Eleventh ACM International Conference on Web Search and Data Mining. ACM, 2018: 592-600.

[2] ADOMAVICIUS G, TUZHILIN A. Toward the next generation of recommender systems: A survey of the state-of-the-art and possible extensions[J]. IEEE transactions on knowledge and data engineering, 2005, 17(6): 734-749.

[3] LOPS P, DE GEMMIS M, SEMERARO G. Content-based recommender systems: State of the art and trends[G]// Recommender systems handbook. [S. l.]: Springer, 2011: 73-105.

[4] PAZZANI M J, BILLSUS D. Content-based recommendation systems[G]// The adaptive web. [S. l.]: Springer, 2007: 325-341.

[5] SHARDANAND U, MAES P. Social information filtering: algorithms for automating "word of mouth" [C]// Proceedings of the SIGCHI conference on Human factors in computing systems. ACM, 1995: 210-217.

[6] RESNICK P, IACOVOU N, SUCHAK M, et al. GroupLens: an open architecture for collaborative filtering of netnews[C]// Proceedings of the 1994 ACM conference on Computer supported coop-

erative work. ACM, 1994: 175-186.

[7] BREESE J S, HECKERMAN D, KADIE C. Empirical analysis of predictive algorithms for collaborative. filtering[C]// Proceedings of the Fourteenth conference on Uncertainty in artificial intelligence. Morgan Kaufmann Publishers Incorporated. [S. l.]: [s. n.], 1998: 43-52.

[8] DELGADO J, ISHII N. Memory-based weighted majority prediction [C]// SIGIR Workshop Recomm. Syst. Citeseer, 1999.

[9] NAKAMURA A, ABE N. Collaborative filtering using weighted majority prediction algorithms. [C]// Proceedings of the Fifteenth International Conference on Machine Learning. Morgan Kaufmann Publishers Incorporated, 1998: 395-403.

[10] XIA Z, DONG Y, XING G. Support vector machines for collaborative filtering[C]// Proceedings of the 44th annual Southeast regional conference. ACM, 2006: 169-174.

[11] KIM M, KIM E, RYU J. A collaborative recommendation based on neural networks[C]// Database Systems for Advanced Applications. Springer, 2004: 425-430.

[12] KIM J, PARK H. Fast nonnegative matrix factorization: An active-set-like method and comparisons[J]. SIAM Journal on Scientific Computing, 2011, 33(6): 3261-3281.

[13] CHIEN Y.-H, GEORGE E I. A bayesian model for collaborative filtering. [C]// AISTATS. [S. l.]:[s. n.], 1999.

[14] GETOOR L, SAHAMI M, et al. Using probabilistic relational models for collaborative filtering[C]// Workshop on Web Usage Analysis and User Profiling (WEBKDD'99). [S. l.]:[s. n.], 1999.

[15] SARWAR B, KARYPIS G, KONSTAN J, et al. Item-based collaborative filtering recommendation algorithms[C]// Proceedings of the 10th international conference on World Wide Web. ACM, 2001: 285-295.

[16] PAVLOV D Y, PENNOCK D M. Amaximum entropy approach to

collaborative filtering in dynamic, sparse, high-dimensional domains[C]// Advances in neural information processing systems. [S.l.]:[s.n.], 2003: 1465-1472.

[17] SHANI G, HECKERMAN D, BRAFMAN R I. An MDP-based recommender system[J]. Journal of Machine Learning Research, 2005, 6: 1265-1295.

[18] HOFMANN T. Collaborative filtering via gaussian probabilistic latent semantic analysis[C]// Proceedings of the 26th annual international ACM SIGIR conference on Research and development in informaion retrieval. ACM, 2003: 259-266.

[19] HOFMANN T. Latent semantic models for collaborative filtering [J]. ACM Transactions on Information Systems (TOIS), 2004, 22(1): 89-115.

[20] MARLIN B M. Modeling user rating profiles for collaborative filtering[C]// Advances in neural information processing systems. [S. l.]:[s. n.], 2004: 627-634.

[21] KOREN Y. Factorization meets the neighborhood: a multifaceted collaborative filtering model[C]// Proceedings of the 14th ACM SIGKDD international conference on Knowledge discovery and data mining. ACM, 2008: 426-434.

[22] CREMONESI P, KOREN Y, TURRIN R. Performance of recommender algorithms on top-n recommendation tasks[C]// Proceedings of the fourth ACM conference on Recommender systems. ACM, 2010: 39-46.

[23] HE X, CHEN T, KAN M.-Y, et al. Trirank: Review-aware explainable recommendation by modeling aspects[C]// Proceedings of the 24th ACM International on Conference on Information and Knowledge Management. ACM, 2015: 1661-1670.

[24] MARLIN B, ZEMEL R S, ROWEIS S, et al. Collaborative filtering and the missing at random assumption[J]. AUAI Press, 2007:267-275.

[25] HIDASI B, KARATZOGLOU A, BALTRUNAS L, et al. Session-based recommendations with recurrent neural networks[J]. ArXiv preprint, 2015, arXiv: 1511.06939.

[26] BAYER I, HE X, KANAGAL B, et al. A generic coordinate descent framework for learning from implicit feedback[C]// Proceedings of the 26th International Conference on World Wide Web. International World Wide Web Conferences Steering Committee, 2017: 1341-1350.

[27] CHEN J, ZHANG H, HE X, et al. Attentive collaborative filtering: Multimedia recommendation with item-and component-level attention[C]// Proceedings of the 40th International ACM SIGIR Conference on Research and Development in Information Retrieval. ACM, 2017: 335-344.

[28] RENDLE S, FREUDENTHALER C, GANTNER Z, et al. BPR: Bayesian personalized ranking from implicit feedback[C]// Proceedings of the twenty-fifth conference on uncertainty in artificial intelligence. AUAI Press, 2009: 452-461.

[29] HE X, ZHANG H, KAN M. -Y, et al. Fast matrix factorization for online recommendation with implicit feedback[C]// Proceedings of the 39th International ACM SIGIR conference on Research and Development in Information Retrieval. ACM, 2016: 549-558.

[30] ANDERSON A, KUMAR R, TOMKINS A, et al. The dynamics of repeat consumption[C]// Proceedings of the 23rd international conference on World wide web. ACM, 2014: 419-430.

[31] KOREN Y. Collaborative filtering with temporal dynamics[J]. Communications of the ACM, 2010, 53(4): 89-97.

[32] MIRANDA T, CLAYPOOL M, GOKHALE A, et al. Combining content-based and collaborative filters in an online newspaper [C]// In Proceedings of ACM SIGIR Workshop on Recommender Systems. Citeseer. ACM, 1999.

[33] PAZZANI M J. A framework for collaborative, content-based and

demographic filtering[J]. Artificial intelligence review, 1999, 13 (5-6): 393-408.

[34] BALABANOVI M, SHOHAM Y. Fab: content-based, collaborative recommendation[J]. Communications of the ACM, 1997, 40 (3): 66-72.

[35] SOBOROFF I, NICHOLAS C. Combining content and collaboration in text filtering[C]// Proceedings of the IJCAI. Vol. 99. sn. [S. l.]:[s. n.], 1999: 86-91.

[36] BASU C, HIRSH H, COHEN W, et al. Recommendation as classification: Using social and content-based information in recommendation[C]// Aaai/iaai. [S. l.]:[s. n.], 1998: 714-720.

[37] POPESCUL A, PENNOCKD M, LAWRENCE S. Probabilistic models for unified collaborative and content-based recommendation in sparse-data environments[C]// Proceedings of the Seventeenth conference on Uncertainty in artificial intelligence. Morgan Kaufmann Publishers Incorporated, 2001: 437-444.

[38] SCHEIN A I, POPESCUL A, UNGAR L H, et al. Methods and metrics for cold-start recommendations[C]// Proceedings of the 25th annual international ACM SIGIR conference on Research and development in information retrieval. ACM, 2002: 253-260.

[39] MADHUSUDANAN J, SELVAKUMAR A, SUDHA R. Frame work for context aware applications[C]// Computing Communication and Networking Technologies (ICCCNT), 2010 International Conference on. IEEE, 2010: 1-4.

[40] MEEHAN K, LUNNEY T, CURRAN K, et al. Context-aware intelligent recommendation system for tourism[C]// Pervasive Computing and Communications Workshops (PERCOM Workshops), 2013 IEEE International Conference on. IEEE, 2013: 328-331.

[41] BENERECETTI M, BOUQUET P, BONIFACIO M. Distributed context-aware systems[J]. Human-Computer Interaction, 2001,

16(2): 213-228.

[42] MAHMOOD T, RICCI F, VENTURINI A. Improving recommendation effectiveness: Adapting a dialogue strategy in online travel planning[J]. Information Technology & Tourism, 2009, 11(4): 285-302.

[43] KARATZOGLOU A, AMATRIAIN X, BALTRUNAS L, et al. Multiverse recommendation: n-dimensional tensor factorization for context-aware collaborative filtering[C]// Proceedings of the fourth ACM conference on Recommender systems. ACM, 2010: 79-86.

[44] SUN Y, YUAN N J, XIE X, et al. Collaborative nowcasting for contextual recommendation[C]// Proceedings of the 25th International Conference on World Wide Web. International World Wide Web Conferences Steering Committee, 2016: 1407-1418.

[45] LEI-HUI C, JUN K, HUI C, et al. Techniques for cross-domain recommendation: A survey[J]. Journal of East China Normal University(Natural Sciences), 2017, 137(5): 101-116.

[46] JIANG M, CUI P, WANG F, et al. Social recommendation across multiple relational domains[C]// Proceedings of the 21st ACM international conference on Information and knowledge management. ACM, 2012: 1422-1431.

[47] GAO S, LUO H, CHEN D, et al. Cross-domain recommendation via cluster-level latent factor model[C]// Joint European Conference on Machine Learning and Knowledge Discovery in Databases. Springer, 2013: 161-176.

[48] MONTANEZ G D, WHITE R W, HUANG X. Cross-device search[C]// Proceedings of the 23rd ACM International Conference on Conference on Information and Knowledge Management. ACM, 2014: 1669-1678.

[49] JIANG M, CUI P, CHEN X, et al. Social recommendation with cross-domain transferable knowledge[J]. IEEE Transactions on Knowledge and Data Engineering, 2015, 27(11): 3084-3097.

[50] LECUN Y, BENGIO Y, HINTON G. Deep learning[J]. Nature, 2015, 521(7553): 436-444.

[51] VAN DEN OORD A, DIELEMAN S, SCHRAUWEN B. Deep content-based music recommendation[C]// Advances in neural information processing systems. Curran Associates Incorporated, 2013: 2643-2651.

[52] WANG H, WANG N, YEUNG D. -Y. Collaborative deep learning for recommender systems[C]// Proceedings of the 21th ACM SIGKDD International Conference on Knowledge Discovery and Data Mining. ACM, 2015: 1235-1244.

[53] LI S, KAWALE J, FU Y. Deep collaborative filtering via marginalized denoising autoencoder[C]// Proceedings of the 24th ACM International on Conference on Information and Knowledge Management. ACM, 2015: 811-820.

[54] GENG X, ZHANG H, BIAN J, et al. Learning image and user features for recommendation in social networks[C]// Proceedings of the IEEE International Conference on Computer Vision. IEEE, 2015: 4274-4282.

[55] DONG X, YU L, WU Z, et al. A Hybrid Collaborative Filtering Model with Deep Structure for Recommender Systems[C]// AAAI' 17. AAAI Press, 2017: 1309-1315.

[56] GUO H, TANG R, YE Y, et al. DeepFM: A Factorization-Machine based Neural Network for CTR Prediction[J]. ArXiv preprint, 2017 arXiv: 1703. 04247.

[57] CHENG H T, KOC L, HARMSEN J, et al. Wide & deep learning for recommender systems[C]// Proceedings of the 1st Workshop on Deep Learning for Recommender Systems. ACM, 2016: 7-10.

[58] COVINGTONP, ADAMSJ, SARGINE. Deep neural networks for youtube recommendations[C]// Proceedings of the 10th ACM Conference on Recommender Systems. ACM, 2016: 191-198.

[59] HE X, LIAO L, ZHANG H, et al. Neural collaborative filtering

[C]// Proceedings of the 26th International Conference on World Wide Web. International World Wide Web Conferences Steering Committee, 2017: 173-182.

[60] HUANG P S, HE X, GAO J, et al. Learning deep structured semantic models for web search using clickthrough data [C]// Proceedings of the 22nd ACM international conference on Conference on information & knowledge management. ACM, 2013: 2333-2338.

[61] XUE H J, DAI X Y, ZHANG J, et al. Deep matrix factorization models for recommender systems[J]. Static. ijcai. org, 2017.

[62] WOLD S, ESBENSEN K, GELADI P. Principal component analysis[J]. Chemometrics and intelligent laboratory systems, 1987, 2(1-3): 37-52.

[63] IZENMAN A J. Linear discriminant analysis[G]// Modern multivariate statistical techniques. [S. l.]: Springer, 2013: 237-280.

[64] WICKELMAIER F. An introduction to MDS[J]. Sound Quality Research University, 2003: 46.

[65] TENENBAUM J B, DE SILVA V, LANGFORD J C. A global geometric framework for nonlinear dimensionality reduction[J]. Science, 2000, 290(5500): 2319-2323.

[66] ROWEIS S T, SAUL L K. Nonlinear dimensionality reduction by locally linear embedding[J]. Science, 2000, 290(5500): 2323-2326.

[67] BELKIN M, NIYOGI P. Laplacian eigenmaps and spectral techniques for embedding and clustering[C]// Advances in neural information processing systems. MIT Press, 2001: 585-591.

[68] MIKOLOV T, SUTSKEVER I, CHEN K, et al. Distributed representations of words and phrases and their compositionality[C]// Advances in neural information processing systems. Curran Associates Incorported, 2013: 3111-3119.

[69] WANG X, CUI P, WANG J, et al. Community Preserving Net-

work Embedding. [C]// AAAI. AAAI Press, 2017: 203-209.

[70] ZHAO X, CHANG A, SARMA A D, et al. On the embeddability of random walk distances[J]. Proceedings of the VLDB Endowment, 2013, 6(14): 1690-1701.

[71] MAN T, SHEN H, LIU S, et al. Predict Anchor Links across Social Networks via an Embedding Approach. [C]// IJCAI. AAAI Press, 2016: 1823-1829.

[72] CAO S, LU W, XU Q. Grarep: Learning graph representations with global structural information[C]// Proceedings of the 24th ACM International on Conference on Information and Knowledge Management. ACM, 2015: 891-900.

[73] CAO S, LU W, XU Q. Deep Neural Networks for Learning Graph Representations. [C]// AAAI. AAAI Press, 2016: 1145-1152.

[74] LIU L, CHEUNG W K, LI X, et al. Aligning Users across Social Networks Using Network Embedding. [C]// IJCAI. AAAI Press, 2016: 1774-1780.

[75] ZHOU C, LIU Y, LIU X, et al. Scalable Graph Embedding for Asymmetric Proximity. [C]// AAAI. AAAI Press, 2017: 2942-2948.

[76] TANG J, QU M, WANG M, et al. Line: Large-scale information network embedding[C]// Proceedings of the 24th International Conference on World Wide Web. International World Wide Web Conferences Steering Committee, 2015: 1067-1077.

[77] GROVER A, LESKOVEC J. Node2vec: Scalable feature learning for networks[C]// Proceedings of the 22nd ACM SIGKDD international conference on Knowledge discovery and data mining. ACM, 2016: 855-864.

[78] WANG S, TANG J, AGGARWAL C, et al. Signed network embedding in social media[C]// Proceedings of the 2017 SIAM International Conference on Data Mining. SIAM, 2017: 327-335.

[79] YUAN S, WU X, XIANG Y. SNE: Signed Network Embedding

[C]// Pacific-Asia Conference on Knowledge Discovery and Data Mining. Springer, 2017: 183-195.

[80] CHANG S, HAN W, TANG J, et al. Heterogeneous network embedding via deep architectures[C]// Proceedings of the 21th ACM SIGKDD International Conference on Knowledge Discovery and Data Mining. ACM, 2015: 119-128.

[81] WANG Q, MAO Z, WANG B, et al. Knowledge graph embedding: A survey of approaches and applications[J]. IEEE Transactions on Knowledge and Data Engineering, 2017, 29(12): 2724-2743.

[82] BORDES A, USUNIER N, GARCIA-DURAN A, et al. Translating embeddings for modeling multi-relational data[C]// Advances in neural information processing systems. Curran Associates Incorported, 2013: 2787-2795.

[83] WANG Z, ZHANG J, FENG J, et al. Knowledge graph embedding by translating on hyperplanes. [C]// AAAI. AAAI Press, 2014: 1112-1119.

[84] LIN Y, LIU Z, SUN M, et al. Learning entity and relation embeddings for knowledge graph completion. [C]// AAAI. AAAI Press, 2015: 2181-2187.

[85] LI J, ZHU J, ZHANG B. Discriminative deep random walk for Network classification. [C]// ACL (1). ACL, 2016.

[86] NIEPERT M, AHMED M, KUTZKOV K. Learning convolutional neural networks for graphs[C]// International conference on Machine Learning. IEEE, 2016: 2014-2023.

[87] YANG C, LIU Z, ZHAO D, et al. Network representation Learning with Rich Text Information. [C]// IJCAI. AAAI Press, 2015: 2111-2117.

[88] LE T M, LAUW H W. Probabilistic latent document network embedding[C]// Data Mining (ICDM), 2014 IEEE International Conference on. IEEE, 2014: 270-279.

[89] YANARDAG P, VISHWANATHAN S. Deep graph kernels[C]// Proceedings of the 21th ACM SIGKDD International Conference on Knowledge Discovery and Data Mining. ACM, 2015: 1365-1374.

[90] SHERVASHIDZE N, SCHWEITZER P, LEEUWEN E J V, et al. Weisfeiler-lehman graph kernels [J]. Journal of Machine Learning Research, 2011, 12(Sep): 2539-2561.

[91] CAI H, ZHENG V W, CHANG K. A comprehensive survey of graph embedding: problems, techniques and applications [J]. IEEE Transactions on Knowledge and Data Engineering, 2018.

[92] PEROZZI B, AL-RFOU R, SKIENA S. Deepwalk: Online learning of social representations[C]// Proceedings of the 20th ACM SIGKDD international conference on Knowledge discovery and data mining. ACM, 2014: 701-710.

[93] TIAN F, GAO B, CUI Q, et al. Learning Deep representations for graph clustering. [C]// AAAI. AAAI Press, 2014: 1293-1299.

[94] WANG D, CUI P, ZHU W. Structural deep network embedding [C]// Proceedings of the 22nd ACM SIGKDD international conference on Knowledge discovery and data mining. ACM, 2016: 1225-1234.

[95] WANG H, WANG J, WANG J, et al. Graphgan: Graph representation learning with generative adversarial nets[C]// AAAI. AAAI Press, 2018.

[96] WANG H, WANG J, ZHAO M, et al. Joint topic-semantic-aware social recommendation for online voting[C]// Proceedings of the 2017 ACM on Conference on Information and Knowledge Management. ACM, 2017: 347-356.

[97] WANG H, ZHANG F, XIE X, et al. DKN: Deep knowledge-aware network for news recommendation [C]// Proceedings of the 2018 World Wide Web Conference on World Wide Web. International World Wide Web Conferences Steering Committee,

2018: 1835-1844.

[98] WANG H, ZHANG F, WANG J, et al. RippleNet: propagating user preferences on the knowledge graph for recommender systems [C]// Proceedings of the 2018 ACM on Conference on Information and Knowledge Management. ACM, 2018.

[99] LI C, WANG S, YANG D, et al. PPNE: property preserving network embedding [C]// International Conference on Database Systems for Advanced Applications. Springer, 2017: 163-179.

[100] WANG J, YU L, ZHANG W, et al. Irgan: A minimax game for unifying generative and discriminative information retrieval models[C]// Proceedings of the 40th International ACM SIGIR conference on Research and Development in Information Retrieval. ACM, 2017: 515-524.

[101] DENTON E L, CHINTALA S, FERGUS R, et al. Deep generative image models using a laplacian pyramid of adversarial networks[C]// Advances in neural information processing systems. Curran Associates Incorported, 2015: 1486-1494.

[102] YU L, ZHANG W, WANG J, et al. SeqGAN: Sequence Generative Adversarial Nets with Policy Gradient [C]// AAAI. AAAI Press, 2017: 2852-2858.

[103] LI J, MONROE W, SHI T, et al. Adversarial Learning for Neural Dialogue Generation[C]// Proceedings of the 2017 Conference on Empirical Methods in Natural Language Processing. [S. l.]: [s. n.], 2017: 2157-2169.

[104] ZHANG Y, BARZILAY R, JAAKKOLA T. Aspect-augmented Adversarial Networks for Domain Adaptation[J]. Transactions of the Association for Computational Linguistics, 2017, 5: 515-528.

[105] SCHULMAN J, HEESS N, WEBER T, et al. Gradient estimation using stochastic computation graphs[C]// Advances in Neural Information Processing Systems. Curran Associates Incorported, 2015: 3528-3536.

[106] MORIN F, BENGIO Y. Hierarchical probabilistic neural network language model[J]. Aistats, 2005: 246-252.

[107] CORMEN T H. Introduction to algorithms[M]. [S. l.]: MIT press, 2009.

[108] RIBEIRO L F, SAVERESE P H, FIGUEIREDO D R. Struc2vec: Learning node representations from structural identity[C]// Proceedings of the 23rd ACM SIGKDD International Conference on Knowledge Discovery and Data Mining. ACM, 2017: 385-394.

[109] MAATEN L V D, HINTON G. Visualizing data using t-SNE[J]. Journal of machine learning research, 2008, 9: 2579-2605.

[110] LESKOVEC J, HUTTENLOCHER D, KLEINBERG J. Predicting positive and negative links in online social networks[C]// Proceedings of the 19th international conference on World Wide Web. ACM, 2010: 641-650.

[111] KIRITCHENKO S, ZHU X, CHERRY C, et al. NRC-Canada-2014: Detecting aspects and sentiment in customer reviews[C]// Proceedings of the 8th International Workshop on Semantic Evaluation (SemEval 2014). ACL, 2014: 437-442.

[112] DOS SANTOS C N, GATTI M. Deep convolutional neural networks for sentiment analysis of short texts. [C]// COLING. ACL, 2014: 69-78.

[113] NGUYEN T H, SHIRAI K. PhraseRNN: Phrase Recursive Neural Network for Aspect-based Sentiment Analysis[C]// EMNLP. ACL, 2015: 2509-2514.

[114] YE J, CHENG H, ZHU Z, et al. Predicting positive and negative links in signed social networks by transfer learning[C]// Proceedings of the 22nd international conference on World Wide Web. ACM, 2013: 1477-1488.

[115] KUMAR S, SPEZZANO F, SUBRAHMANIAN V, et al. Edge weight prediction in weighted signed networks[C]// Data Mining (ICDM), 2016 IEEE 16th International Conference on. IEEE,

2016: 221-230.

[116] ZHENG Q, SKILLICORN D B. Spectral embedding of signed networks[C]// Proceedings of the 2015 SIAM International Conference on Data Mining. SIAM, 2015: 55-63.

[117] ZHANG F, YUAN N J, LIAN D, et al. Collaborative knowledge base embedding for recommender systems[C]// Proceedings of the 22nd ACM SIGKDD international conference on knowledge discovery and data mining. ACM, 2016: 353-362.

[118] SALAKHUTDINOV R, HINTON G. Semantic hashing[J]. International Journal of Approximate Reasoning, 2009, 50(7): 969-978.

[119] WANG P, GUO J, LAN Y, et al. Learning hierarchical representation model for nextbasket recommendation[C]// Proceedings of the 38th International ACM SIGIR conference on Research and Development in Information Retrieval. ACM, 2015: 403-412.

[120] DUCHI J, HAZAN E, SINGER Y. Adaptive subgradient methods for online learning and stochastic optimization[J]. Journal of Machine Learning Research, 2011, 12(Jul): 2121-2159.

[121] OU M, CUI P, PEI J, et al. Asymmetric transitivity preserving graph embedding [C]// Proc. of ACM SIGKDD. ACM, 2016: 1105-1114.

[122] WEST R, PASKOV H S, LESKOVEC J, et al. Exploiting social network structure for person-to-person sentiment analysis [J]. ArXiv preprint, 2014, arXiv: 1409. 2450.

[123] RENDLE S. Factorization machines with libfm[J]. ACM Transactions on Intelligent Systems and Technology (TIST), 2012, 3 (3): 57.

[124] YANG X, LIANG C, ZHAO M, et al. Collaborative filtering-based recommendation of online social voting[J]. IEEE Transactions on Computational Social Systems, 2017, 4(1): 1-13.

[125] BLEI D M, NG A Y, JORDAN M I. Latent dirichlet allocation

[C]// Journal of Machine Learning Research. JMLR. org, 2003: 993-1022.

[126] GAO H, TANG J, HU X, et al. Content-aware point of interest recommendation on location-based social networks. [C]// AAAI. AAAI Press, 2015: 1721-1727.

[127] BRESSAN M, LEUCCI S, PANCONESI A, et al. The limits of popularity-based recommendations, and the role of social ties [C]// Proceedings of the 22nd ACM SIGKDD International Conference on Knowledge Discovery and Data Mining. ACM, 2016: 745-754.

[128] HUNG H. -J, SHUAI H. -H, YANG D. -N, et al. When social infiuence meets item inference [C]// Proceedings of the 22nd ACM SIGKDD International Conference on Knowledge Discovery and Data Mining. ACM, 2016: 915-924.

[129] ZHANG Q, WU J, ZHANG P, et al. Inferring latent network from cascade data for dynamic social recommendation[C]// Data Mining (ICDM), 2016 IEEE 16th International Conference on. IEEE, 2016: 669-678.

[130] MA H, YANG H, LYU M R, et al. Sorec: social recommendation using probabilistic matrix factorization[C]// Proceedings of the 17th ACM conference on Information and knowledge management. ACM, 2008: 931-940.

[131] KOREN Y, BELL R, VOLINSKY C. Matrix factorization techniques for recommender systems[J]. Computer, 2009, 42(8).

[132] PHELAN O, MCCARTHY K, SMYTH B. Using twitter to recommend real-time topical news [C]// Proceedings of the third ACM conference on Recommender systems. ACM, 2009: 385-388.

[133] LI L, CHU W, LANGFORD J, et al. A contextual-bandit approach to personalized news article recommendation [C]// Proceedings of the 19th international conference on World Wide

Web. ACM, 2010: 661-670.

[134] LIU J, DOLAN P, PEDERSEN E R. Personalized news recommendation based on click behavior[C]// Proceedings of the 15th international conference on Intelligent user interfaces. ACM, 2010: 31-40.

[135] SON J. -W, KIM A, PARK S. -B, et al. A location-based news article recommendation with explicit localized semantic analysis [C]// Proceedings of the 36th international ACM SIGIR conference on Research and development in information retrieval. ACM, 2013: 293-302.

[136] BANSAL T, DAS M, BHATTACHARYYA C. Content driven user profiling for comment-worthy recommendations of news and blog articles[C]// Proceedings of the 9th ACM Conference on Recommender Systems. ACM, 2015.

[137] OKURA S, TAGAMI Y, ONO S, et al. Embedding-based News Recommendation for Millions of Users[C]// KDD. ACM, 2017: 1933-1942.

[138] WANG C, BLEI D M. Collaborative topic modeling for recommending scientific articles[C]// Proceedings of the 17th ACM SIGKDD international conference on Knowledge discovery and data mining. ACM, 2011: 448-456.

[139] WANG J, WANG Z, ZHANG D, et al. Combining knowledge with deep convolutional neural networks for short text classification[C]// Proceedings of the International Joint Conference on Artificial Intelligence. AAAI Press, 2017.

[140] LONG M, CAO Z, WANG J, et al. Learning multiple tasks with multilinear relationship networks[C]// Advances in Neural Information Processing Systems. Curran Associates Incorported, 2017: 1593-1602.

[141] JI G, HE S, XU L, et al. Knowledge graph embedding via dynamic mapping matrix[C]// ACL. ACL, 2015: 687-696.

[142] AGARWAL D, CHEN B C. Regression-based latent factor models[C]// Proceedings of the 15th ACM SIGKDD international conference on Knowledge discovery and data mining. ACM, 2009: 19-28.

[143] KRIZHEVSKY A, SUTSKEVER I, HINTON G E. Imagenet classification with deep convolutional neural networks[C]// Advances in neural information processing systems. Curran Associates Incorported, 2012: 1097-1105.

[144] KIM Y. Convolutional neural networks for sentence classification [C]// EMNLP. ACL, 2014.

[145] KALCHBRENNER N, GREFENSTETTE E, BLUNSOM P. A convolutional neural network for modelling sentences[J]. ArXiv preprint,2014, arXiv: 1404. 2188.

[146] ZHANG X, ZHAO J, LECUN Y. Character-level convolutional networks for text classification [C]// NIPS. MIT Press, 2015: 649-657.

[147] CONNEAU A, SCHWENK H, BARRAULT L, et al. Very deep convolutional networks for natural language processing[J]. ArXiv preprint, 2016, arXiv: 1606. 01781.

[148] TAI K S, SOCHER R, MANNING C D. Improved semantic representations from tree-structured long short-term memory networks[J]. ArXiv preprint, 2015, arXiv: 1503. 00075.

[149] SOCHER R, PERELYGIN A, WU J, et al. Recursive deep models for semantic compositionality over a sentiment treebank [C]// Proceedings of the 2013 conference on empirical methods in natural language processing. ACL, 2013: 1631-1642.

[150] LAI S, XU L, LIU K, et al. Recurrent convolutional neural networks for text classification[C]// AAAI. Vol. 333. AAAI Press, 2015: 2267-2273.

[151] HONG J, FANG M. Sentiment analysis with deeply learned distributed representations of variable length texts[R]. Technical

report, Stanford University, 2015.

[152] MILNE D, WITTEN I H. Learning to link with wikipedia[C]// CIKM. ACM, 2008: 509-518.

[153] SIL A, YATES A. Re-ranking for joint named-entity recognition and linking[C]// Proceedings of the 22nd ACM international conference on Conference on information& knowledge management. ACM, 2013: 2369-2374.

[154] WANG X, YU L, REN K, et al. Dynamic attention deep model for article recommendation by learning human editors' demonstration[C]// KDD. ACM, 2017.

[155] ZHOU G, SONG C, ZHU X, et al. deep interest network for click-through rate prediction[J]. ArXiv preprint, 2017, arXiv: 1706. 06978.

[156] YOSINSKI J, CLUNE J, BENGIO Y, et al. How transferable are features in deep neural networks? [C]// Advances in Neural Information Processing Systems. Curran Associates Incorported, 2014: 3320-3328.

[157] NICKEL M, ROSASCO L, POGGIO T A, et al. Holographic Embeddings of Knowledge Graphs. [C]// The 30th AAAI Conference on Artificial Intelligence. AAAI Press, 2016: 1955-1961.

[158] LIU H, WU Y, YANG Y. Analogical inference for multi-relational embeddings[C]// Proceedings of the 34th International Conference on Machine Learning. JMLR. org, 2017: 2168-2178.

[159] XIE R, LIU Z, SUN M. Representation learning of knowledge graphs with hierarchical types. [C]// IJCAI. AAAI Press, 2016: 2965-2971.

[160] MISRA I, SHRIVASTAVA A, GUPTA A, et al. Cross-stitch networks for multi-task learning[C]// Proceedings of the IEEE Conference on Computer Vision and Pattern Recognition. IEEE,

2016: 3994-4003.

[161] RUDIN W, et al. Principles of mathematical analysis [M]. Vol. 3. [S. l.]: McGraw-hill New York, 1964.

[162] RENDLE S. Factorization machines [C]// Proceedings of the 10th IEEE International Conference on Data Mining. IEEE, 2010: 995-1000.

[163] WANG R, FU B, FU G, et al. Deep & cross network for ad click predictions[C]// Proceedings of the ADKDD' 17. ACM, 2017: 12.

[164] BAHDANAU D, CHO K, BENGIO Y. Neural machine translation by jointly learning to align and translate[C]// Proceedings of the 3rd International Conference on Learning Representations. OpenReview. net, 2015.

[165] YU X, REN X, SUN Y, et al. Personalized entity recommendation: A heterogeneous information network approach[C]// Proceedings of the 7th ACM International Conference on Web Search and Data Mining. ACM, 2014: 283-292.

[166] KINGMA D, BA J. Adam: A method for stochastic optimization [J]. ArXiv preprint, 2014, arXiv: 1412. 6980.

[167] ZHANG Y, YANG Q. A survey on multi-task learning[J]. ArXiv preprint, 2017, arXiv: 1707. 08114.

[168] ZHAO H, YAO Q, LI J, et al. Meta-graph based recommendation fusion over heterogeneous information networks[C]// Proceedings of the 23rd ACM SIGKDD International Conference on Knowledge Discovery and Data Mining. ACM, 2017: 635-644.

[169] BRUNA J, ZAREMBA W, SZLAM A, et al. Spectral networks and locally connected networks on graphs[C]// The 2nd International Conference on Learning Representations. OpenReview. net, 2014.

[170] DEFFERRARD M, BRESSON X, VANDERGHEYNST P. Convolutional neural networks on graphs with fast localized spectral

filtering[C]// Advances in Neural Information Processing Systems. Curran Associates Incorported, 2016: 3844-3852.

[171] KIPF T N, WELLING M. Semi-supervised classification with graph convolutional networks[C]// The 5th International Conference on Learning Representations. OpenReview. net, 2017.

[172] DUVENAUD D K, MACLAURIN D, IPARRAGUIRRE J, et al. Convolutional networks on graphs for learning molecular fingerprints[C]// Advances in neural information processing systems. Curran Associates Incorported, 2015: 2224-2232.

[173] HAMILTON W, YING Z, LESKOVEC J. Inductive representation learning on large graphs[C]// Advances in Neural Information Processing Systems. Curran Associates Incorported, 2017: 1024-1034.

[174] SUN Y, YUAN N J, XIE X, et al. Collaborative intent prediction with real-time contextual Data[J]. ACM Transactions on Information Systems, 2017, 35(4): 30.

[175] TINTAREV N, MASTHOFF J. A survey of explanations in recommender systems[C]// IEEE 23rd International Conference on Data Engineering Workshop. IEEE, 2007: 801-810.

[176] VIG J, SEN S, RIEDL J. Tagsplanations: explaining recommendations using tags[C]// Proceedings of the 14th international conference on Intelligent user interfaces. ACM, 2009: 47-56.

[177] SHARMA A, COSLEY D. Do social explanations work?: studying and modeling the effects of social explanations in recommender systems[C]// Proceedings of the 22nd international conference on World Wide Web. ACM, 2013: 1133-1144.

[178] BAUMAN K, LIU B, TUZHILIN A. Aspect based recommendations: Recommending items with the most valuable aspects based on user reviews[C]// Proceedings of the 23rd ACM SIGKDD International Conference on Knowledge Discovery and Data Mining. ACM, 2017: 717-725.

[179] ZHANG Y, LAIG, ZHANG M, et al. Explicit factor models for explainable recommendation based on phrase-level sentiment analysis[C]// Proceedings of the 37th international ACM SIGIR conference on Research & development in information retrieval. ACM, 2014: 83-92.

[180] VELICKOVIC P, CUCURULL G, CASANOVA A, et al. Graph attention networks[C]// Proceedings of the 6th International Conferences on Learning Representations. OpenReview. net, 2018.

致谢

时光荏苒，往事依依。在学位论文即将定稿之际，在这样一个暖风拂面的夏末黄昏，当我终于提笔准备写下最后的致谢时，原以为会止不住地激动和喟叹，然而，竟不知如何动笔，竟也不知从何说起。

八年前的初秋，当我第一次坐校车从东川路地铁站来到交大时，满心都是对这个未知世界的好奇。刚入校就参加了ACM 班的招生面试，原以为面试成绩不佳，却不曾想承蒙俞勇老师的青睐，还有班主任陈天奇学长的支持和鼓励，莽莽撞撞地踏入了 ACM 班，踏入了计算机科学的大门。多年之后，当我再细细回想其中细节，不禁感叹命运的神奇和精彩。也许我的一生会有很多遗憾，但是决定加入 ACM 班，一定是我做过的最正确的一件事情。

ACM 班的四年生涯，对我的影响深远。还记得两年多前，当我还没有投出去一篇论文、还处于最低谷的时候，郭嵩老师对我说："我觉得你很不错，你的逻辑很好，写作很好，受过的数学训练也很好。”那诚然是对于茫然无措的我最振奋的鼓励，而其中的逻辑、写作、数学训练，都是在 ACM 班近乎恐怖的数学课程中一点一点打下的基础。俞勇老师对我们说过，“教你们这些课程，不是指望你们多年后还能记住多少，只是希望你们以后在需要时，会想起来当年学过，会知道要去哪里找。”感谢俞老师和 ACM 班所有的近乎“变态”的课程，把二十岁左右时最血气方刚、最摇摆不定的我，按在了教室、图书馆和自习室。人生没有捷径，地基愈扎实，建筑方能建造得愈高；能力越强大，人生的道路才能越走越宽。

回顾过去四年的博士生涯，很多感慨，很多感谢。在此，我想向那些曾经帮助过、鼓励过、支持过我的人表示由衷的谢意：

感谢我的导师过敏意教授，感谢过老师对我曾经的教诲。过老师对科研的热情和严谨、对学术前沿的敏锐直觉、对我一以贯之的鼓励和肯定深深地感染着我，也改变着我。二年级上学期时，我有一次去过老师办公室找他诉苦，说自己的科研难有进展，每天都很焦虑，过老师笑着对我说：“那就快了，我也有过这样的时候，再坚持一下，论文就该出来了。”现在回想起来，不禁淡然一笑，当年再多的烦恼和焦躁，也都随着过老师的鼓励而烟消云散了。过老师一直给我一个很宽松的科研环境，让我可以自由地做我喜欢的课题；过老师也一直支持着我去参加学术会议，让我有机会看到更广阔的天空，有机会拥有更大的梦想。我感激能成为您的学生。

感谢香港理工大学的郭嵩教授。我的第一次真正的科研经历，第一次写论文、投论文、发表论文，都是在郭老师的指导下完成的。和郭老师合作的那段时期，是我最低谷的一段时期，感谢郭老师一直以来的开朗的笑容和认真的指点，让我一点一点踏入了科研的大门。第一次写完论文交给郭老师时，郭老师连标点符号都有认真的修改。郭老师也开玩笑似地跟我说："你写得很好，我也没什么要大改的了，只好改一些单词和标点了。"当我的第一次投稿被拒的时候，郭老师鼓励我说，不要怕，大部分人的第一次投稿都要被拒的，好的会议的录取率一般只有五分之一，你很优秀，有二分之一，但是二分之一依然是有可能被拒的，你要多投，多投就会多中了。没有郭老师一直以来的鼓励，我无法想象我能度过那段最难熬的日子，也无法想象我能取得今天的成绩。

感谢曾在香港理工大学的赵淼教授。我和赵淼老师合作的时间最长。和赵老师的第一次合作，让我开始进入推荐系统的领域，并且我在后来选择了这个领域作为自己的主要研究方向。赵老师教会了我很多写文章的核心思想和细节，和赵老师日常的讨论也让我能够一点一点把握住自己科研的方向，一直走到今天。赵老师平易近人的态度也深深感染了我，让我学会了很多为人处世的道理。我能够选择毕业之后去斯坦福大学做博士后这条路，也要感谢赵老师对我的启发和支持。

感谢微软亚洲研究院的谢幸博士。谢老师是我在微软亚洲研究院实习期间的导师。谢老师的学术声望很高，对推荐系统领域有着透彻的理解和耕耘，经常能在很高的层面给我指引道路。谢老师又和蔼可亲，为我树立了极好的榜样。我的博士期间的主要工作都是在微软亚洲研究院完成的。在申请博士后期间，最初也是谢老师帮我联系了斯坦福大学的 Jure Leskovec 教授，为我最终申请成功奠定了基础。这些都要感谢谢老师一直以来的支持和关怀。

感谢曾在微软亚洲研究院的张富峥博士。张富峥学长是我在微软亚洲研究院期间的主要合作对象。在我刚开始进入推荐系统领域的时候，张学长一点一点地带着我了解领域的基础知识和前沿研究，并耐心地解答了我在很多细节上的困惑。和张学长的日常讨论，让我一点一点修正和完善了自己的想法，并帮助我最终完成了很多工作。最早接触网络特征学习以及知识图谱，也都是张学长的建议和引导。张学长对于推荐系统的深刻的认识以及对学术界、工业界领域的富有指导性的见解，对我的成长有着极大的帮助。

在此，我还要感谢很多人：感谢曾在上海交通大学的贾维嘉教授对我早期科研的帮助；感谢香港理工大学的曹建农教授对我的学术的指导；感谢香港理工大学的李文捷教授对我的鼓励和支持；感谢 EPCC 实验室里的殷骏、赵文益、阎瑾、邱宇贤、赵涵、鞠向宇、金丝惠子、戴猷、卢彦超、李进、唐晓新等同学，我很怀念我们在一起学习、一起玩耍、一起写代码的快乐时光；感谢香港理工大学的王佳、汪加林、李卓等同学，和微软亚洲研究院的侯旻、成柯葳、卢建东、连建勋等同学，和你们在一起的合作让我受益匪浅；感谢 14 届 ACM 班直博的另外三名同学：黎彧君、周志明、杨欢，和你们在一起度过漫长的本科四年和博士五年，其中的酸甜苦辣只有我们能知晓、相互理解和体会；特别感谢黎彧君同学，作为本科四年和博士五年的室友，我们有太多的共同回忆。

感谢自己。感谢自己当年无畏的勇气，选择了博士这条艰辛的道路；感谢自己这些年来的努力和坚持，让我可以拥有今天的成绩；感谢自己对未来不懈的追求，让我可以继续脚踏实地，背负梦想，一路前行。

最后，感谢我亲爱的父母。每一个当我感到疲惫和无助的夜晚，是他们给了我最温暖的安慰和最坚实的依靠。我爱他们，就像他们爱我一样：就算我一无所有，我依然是他们眼中最宝贵的财富。

北京的夏末，艳阳依然炙热，一如我五年前第一次来到研究院实习的模样。时间好慢，像微软大厦前的垂柳，每年都是那么鲜绿，随风摇摆；时间却又好快，校园里和研究院里的那些熟悉的面孔逐渐远去，止不住临别的忧伤；而这一次，终究是我要离开。太多需要感谢的人，我也只能放在心中默默地祝愿。思源致远，感恩前行。

王鸿伟

于北京微软亚洲研究院

2018 年 8 月

攻读学位期间发表的学术论文

[1] **Hongwei Wang**, Fuzheng Zhang, Jialin Wang, et al. RippleNet: Propagating User Preferences on the Knowledge Graph for Recommender Systems[C]// The 27th ACM International Conference on Information and Knowledge Management (CIKM 2018). (CCF-B)

[2] Zhuo Li, **Hongwei Wang**, Miao Zhao. Weakly-Supervised Generative Adversarial Nets with Auxiliary Information for Wireless Coverage Estimation[C]// The 27th ACM International Conference on Information and Knowledge Management (CIKM 2018) (short paper). (CCF-B)

[3] **Hongwei Wang**, Fuzheng Zhang, Xing Xie, et al. DKN: Deep Knowledge-Aware Network for News Recommendation[C]// The 27th World Wide Web Conference (WWW 2018), 2018: 1835-1844. (CCF-A)

[4] **Hongwei Wang**, JiaWang, JialinWang, et al. GraphGAN: Graph Representation Learning with Generative Adversarial Nets [C]// The 32nd AAAI Conference on Artificial Intelligence (AAAI 2018), 2018: 2508-2515. (CCF-A)

[5] Zhuo Li, **Hongwei Wang**, Miao Zhao, et al. Deep Representation-Decoupling Neural Networks for Monaural Music Mixture Separation[C]// The 32nd AAAI Conference on Artificial Intelligence (AAAI 2018), 2018: 93-100. (CCF-A)

[6] **Hongwei Wang**, Song Guo, Jiannong Cao, et al. MELODY: A Long-term Dynamic Quality-Aware Incentive Mechanism for Crowdsourcing[J]. IEEE Transactions on Parallel and Distributed Systems (TPDS), 2018, 29(4): 901-914. (CCF-A)

[7] **Hongwei Wang**, Fuzheng Zhang, Min Hou, et al. SHINE: Signed Heterogeneous Information Network Embedding for Sentiment Link Prediction [C]// The 11th ACM International Conference on Web Search and Data Mining (WSDM 2018), 2018: 592-600. (CCF-B)

[8] **Hongwei Wang**, Jia Wang, Miao Zhao, et al. Joint Topic-Semantic-aware Social Recommendation for Online Voting [C]// The 26th ACM International Conference on Information and Knowledge Management (CIKM 2017), 2017: 347-356. (CCF-B)

[9] **Hongwei Wang**, Song Guo, Jiannong Cao, et al. MELODY: A Long-term Dynamic Quality-aware Incentive Mechanism for Crowdsourcing [C]// The 37th IEEE International Conference on Distributed Computing Systems (ICDCS 2017), 2017: 933-943. (CCF-B)

[10] Jianxun Lian, Fuzheng Zhang, Min Hou, **Hongwei Wang**, et al. Practical Lessons for Job Recommendations in the Cold-Start Scenario [C]// The 11th ACM Conference on Recommender Systems (RecSys Challenge 2017), No. 4. (EI)

[11] Xiwang Yang, Chao Liang, Miao Zhao, **Hongwei Wang**, et al. Collaborative Filtering Based Recommendation of Online Social Voting [J]. IEEE Transactions on Computational Social Systems (TCSS), 2017, 4(1): 1-14. (SCI)

[12] Shanshan Chen, Xiaoxin Tang, **Hongwei Wang**, et al. Towards Scalable and Reliable In-memory Storage System: A Case Study with Redis [C]// The 10th IEEE International Conference on Big Data Science and Engineering (BigDataSE 2016), 2016: 1660-1667. (EI)

攻读学位期间参与的项目

[1] 科技部“973”计划：城市大数据三元空间协同计算理论与方法（项目号 WF410103003），2015. 09-2016. 07。

[2] 横向项目（上海华为技术有限公司）：分布式 Redis 优化，2015. 06-2015. 10。

[3] 横向项目（深圳华为技术有限公司）：深度学习算法 GPU 并行加速技术开发，2015. 03-2015. 06。

[4] 横向项目（南京中兴科技有限公司）：大数据计算系统的基准测试性能，2014. 10-2014. 12。